科学探险漫画书

珠穆朗玛峰大探险

[韩]洪在彻 [韩]朴爱罗 / 编文 [韩]俞炳润 / 绘
林玉葳 / 译

ARTTIME 时代出版
时代出版传媒股份有限公司
安徽少年儿童出版社

序言

挑战自我极限，培养克服困难的勇气

喜马拉雅山耸立在中国青藏高原西南，与印度、尼泊尔、不丹等国形成天然的国界。而喜马拉雅山的最高峰——珠穆朗玛峰，则以千年来一贯的巍峨姿态，成为当地人眼中神圣女神的代表。1852年，英属印度测量局测量了珠穆朗玛峰的高度，确立了它“世界第一高峰”的地位后，这座山峰便声名大噪，成为无数登山运动家和冒险家想要挑战的目标。前赴后继的探险队纷纷来到了珠穆朗玛峰的山脚下，仰望它高耸入云的风采。

站在珠穆朗玛峰前，很难不赞叹大自然的鬼斧神工，同时也会感到高耸入云的山峰有多么难以征服！地面上那些不知何时会“啪”的一声裂开的冰河裂隙，陡直的冰壁，足以把人吹倒的暴风雪，落石和雪崩……种种困境都不是轻易就可以冲破的。有人在这里因为冻伤而失去手脚，还有人在这里丧命。但是，每年仍然有许多人聚集在这里，努力适应当地稀薄的空气、低压以及那难以忍受的酷寒，只为能够一举登上顶峰。

即使现在已经有许多高科技产品可以帮助登山运动家更准确地掌握当地的天气状况、克服低氧的环境等，但我们知道，攀登珠穆朗玛峰依然是超越人类体能的极限运动。攀登过程中充满危险，可是一路上奇特的自然景观以及峰顶的美妙风光，都深深吸引着无数的勇者。

登顶成功，不仅有实现目标的喜悦，更有一种战胜自我的成就感。你是否也有挑战珠穆朗玛峰的雄心壮志呢？或许对你来说，攀登珠穆朗玛峰还是很久以后的事，但是只要你心怀这个梦想，从现在开始增强体能、充实登山知识和磨炼意志，那成功登上珠峰峰顶就非常有可能实现！你看，那层层叠叠的雪峰，正在向你招手呢！

人物介绍

小志

喜欢吹牛，是个不折不扣的贪吃鬼。

身　　份 小学六年级学生
参与动机 希望一举成名
攀登任务 照顾好自己

刘峰明

小志的爸爸，是个热爱登山的男子汉，也是个十足的吝啬鬼。

身　　份 曾两次攀登 8000 米高山的业余登山者
参与动机 攀登珠穆朗玛峰
攀登任务 担任登山队队长

聪明、开朗的夏尔巴族少女。

身　份 小学六年级学生
参与动机 积累攀登经验，希望长大后成为登山向导
攀登任务 积累经验，挑战自我

阿玛雅

阿玛雅的爸爸，虽然个性木讷，却拥有卓越的攀登能力。

身　份 登山向导
参与动机 帮助业余登山队成功登顶珠峰
攀登任务 道路开拓、向导、输送物资

巴 桑

珠穆朗玛峰攀登路线

所有装备都要在这里采购！
不过都是二手的！
加德满都
搭乘飞机，嗖——
卢卡拉
头好痛，真受不了高山病！
帕丁
南崎是雪巴人的故乡。
南崎
呼
呼
朋瑞奇
呼吸好困难！
我也好累啊！
卢布兹
从这里开始就荒无人烟了！
简直连根草都看不到。
高乐雪

大本营
攀登从这里正式开始！
食物准备完毕！
面包
面包
面包
冰瀑区
我的妈呀！
第一营
怎么才走了几步就这么累？
啊！雪崩！
第二营
坡度太陡，上不去呀！
第三营
我快被风吹走了！
第四营
呼呼呼！要戴上氧气瓶才行。
我终于登上顶峰喽！

目　录

第一章

伟大的登山计划

终于到山顶了！

啪
小志，加油！再用力一点，加油啊！

哎哟——

啪
哎呀，我快死了！
我这个登山高手，怎么会有你这样连这么小型的冰壁都爬不上来的儿子？

爸爸，你别乱说好不好？我只是一边爬山，一边休息而已，别小瞧人哪！
哈哈哈
扑通
啊，我的腿怎么啦？
东倒西歪
还敢说大话……
咕嘟
怎么样，坐在山顶喝茶，是不是别有一番滋味呢？
还是比不上吃快餐好！
如果能在珠穆朗玛峰峰顶喝茶，那一定会更舒服！
珠穆朗玛峰？你是说世界第一高峰吗？
对啊，这是秘密！今年春天爸爸打算去爬珠穆朗玛峰！
什么？
爸爸，妈妈要是知道了，一定会气得发疯吧！

男子汉大丈夫，有什么好怕的啊？我一定要攻克难关，朝自己的目标迈进！
我要接受挑战，走真正的男子汉要走的路！
哗啦
哗啦
船要翻啦！

好厉害哟！你现在才念六年级，就已经可以攀登冰壁啦？
嘎嘎
嘻嘻，没什么啦！姐姐，你好漂亮哟！

爸爸这么认真地对你说话，你竟敢不理睬！

哦，他们应该是父子俩吧！
现在很少有男人会这样照顾孩子了！
你们要不要喝杯热茶？
哼，我要告诉妈妈！

喜马拉雅山是世界上最高大雄伟的山系，主峰珠穆朗玛峰高 8844.43 米。“珠穆朗玛”为藏语“女神第三”的音译。

尼泊尔人称它为“萨加玛塔”，意为“摩天岭”或“世界之顶”。

英国人从 1921 年开始挑战珠峰，但直到 1953 年，新西兰人埃德蒙·希拉里等人才代表英国成功登顶。
1960 年，中国珠穆朗玛峰登山队在突击组长王富洲的率领下，首次从北坡登上珠峰。

什么，登顶纪录里不但有 16 岁的少女，还有 14 岁的少年也曾创下攀登 8750 米的纪录？

14 岁？只比我大 1 岁呀！
13 岁

13 岁就登上世界最高峰，世界上最年轻的登顶纪录保持人——小志——终于走出机场了！
我是提行李的工人！
咔嚓
咔嚓
咔嚓
机场里挤满了采访小志的记者，他们手中的相机快门响个不停。

哼

创下登顶纪录
小志(13 岁)，成功登上珠穆朗玛峰峰顶！
好帅啊，小志！
小志，请帮我签名！
嘻嘻嘻
小志！

我终于找到成名的方法了！

爸爸！
我也要去爬珠穆朗玛峰！
哎呀
惊吓
哎呀，烫死我了！

珠穆朗玛峰？
糟

我要一展我的登山实力！让我们一起去吧！
小……小志啊……

咚
哎呀！

你们现在是说要去珠穆朗玛峰吗？
小志，快逃啊！
是，爸爸！
偷偷溜走

哪里逃？
看我们的“恐怖丢葱功”！
呃！
嗖嗖嗖

老公，你的脑子有没有问题？你知道之前已经因为登山而花掉多少钱了吗？
我的天哪！救命！
咚隆隆
砰砰
妈妈，这是爸爸的心愿，你就让他去吧！

你看看你的成绩，还敢说话？
语文
20
15
0
啊

你应该想想如何提升成绩才对吧？
呜呜

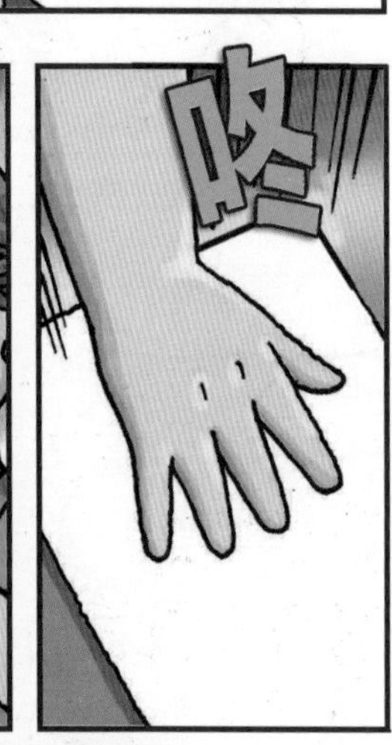
咚

那么想去的话，先在这里签名！
这……
这是……

《保险契约书》？这是什么东西？
呃！

老婆，你可以解释一下吗？
我拿错单子啦！
嘻嘻嘻

老婆，你怎么可以这样？
老……
老公，别生气，我让你去就是啦！
真的？
嘻嘻
可是，这是最后一次哟！
哇，终于可以去爬珠穆朗玛峰了！
爸爸，干脆连去银行贷款的事情也一起告诉妈妈吧！
嘘——
你爸去贷款？
之前去爬马卡鲁峰时借的贷款都还没还清，你又……
我的妈呀，都是小志害的啊！
救命啊
这时候最好赶快逃！
小志的妈妈又变身了！
要是我有那种老公，我也会变身的。

世界最高峰——珠穆朗玛峰

珠穆朗玛峰是世界最高的山峰，被誉为地球第三极（另外两极是南极、北极），它是喜马拉雅山脉的主峰，位于中国和尼泊尔交界处，山体为巨型金字塔状，终年积雪，壮丽雄伟。

“珠穆朗玛”为藏语“女神第三”的音译，而尼泊尔人则称它为“萨加玛塔”，意为“摩天岭”或“世界之顶”，这都足以彰显它在当地人心目中神圣的地位。

1952年，中国政府将此峰正名为珠穆朗玛峰；1960年5月25日，中国登山队首次从北坡攀登峰顶。1988年3月，珠穆朗玛峰国家自然保护区宣告成立，保护区面积3.38万平方千米，区内珍稀、濒危生物物种极为丰富，其中有8种国家一类保护动物，如长尾灰叶猴、熊猴、金钱豹等。峰顶有600多条冰川，每当旭日东升，巨大的山峰在阳光照耀下，绚丽多彩，蔚为壮观。

2005年5月22日，中国珠穆朗玛峰登顶测量队成功登上珠峰峰顶，再次精确测得珠峰的高度为8844.43米。

珠穆朗玛峰壮丽的景致

喜马拉雅山脉8000米以上的高峰

藏语“喜马拉雅”意为“冰雪之乡”。喜马拉雅山脉有10座超过8000米的山峰，包括珠穆朗玛峰(8844.43米)、干城章嘉峰(8586米)、洛子峰(8516米)、马卡鲁峰(8485米)、卓奥友峰(8201米)、道拉吉利峰(8167米)、马纳斯鲁峰(8163米)、南迦·帕尔巴特峰(8126米)、安纳普尔那峰(8091米)和希夏邦马峰(8027米)。

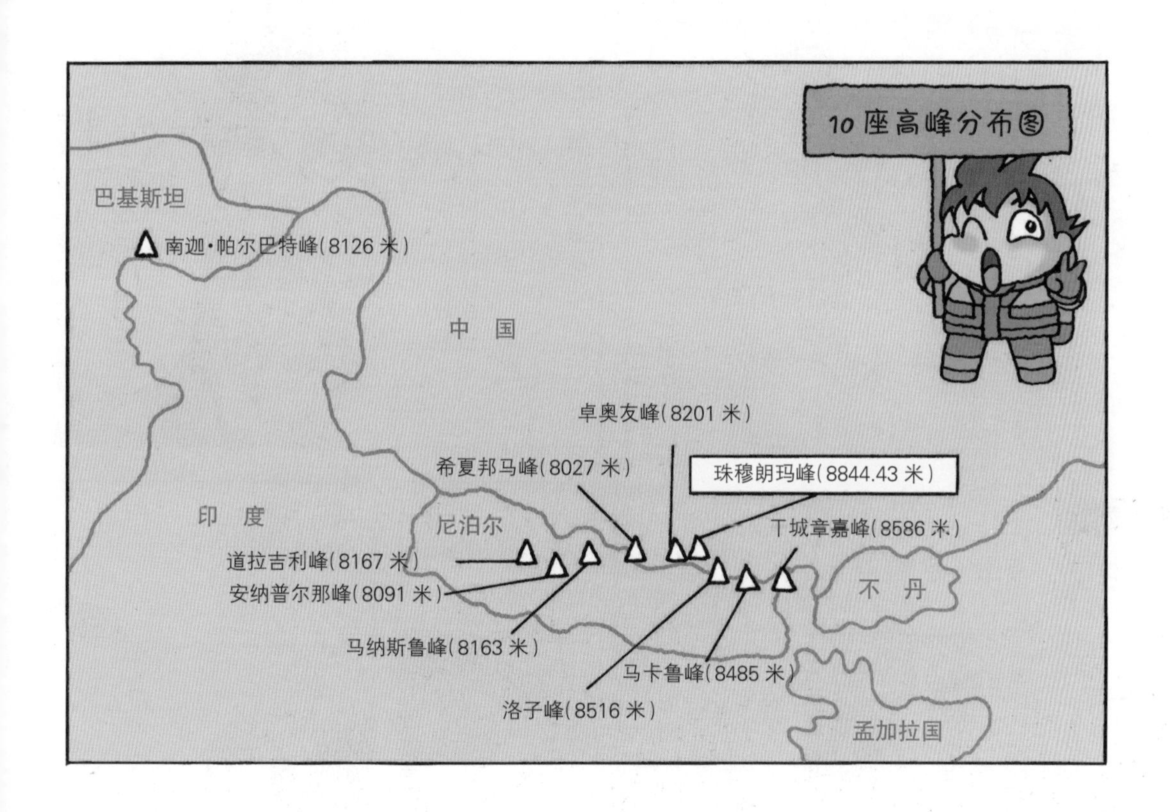

第二章

前往尼泊尔

再过20分钟，飞机即将抵达尼泊尔的特里布胡凡机场，请各位旅客系好安全带。

轰轰轰

我期盼了好久，珠穆朗玛峰终于出现在我眼前了！

丢脸——

先……先生！

这么帅的小绅士约我，我真开心！可惜，我下飞机后要赶紧去接孩子！
呵呵呵
这小子也太可爱了吧！

老太太，帮我拿一杯可乐来吧！
原来是个老太太！唉……浪费时间……
老太太

对了，老太太！
忍耐，忍耐，我要忍耐！

麻烦你请另一位漂亮的姐姐送可乐来，好吗？
哼！
老太太
小志，不可以这么没有礼貌！

怎么啦？
小志，尼泊尔是什么样的国家？
我哪知道！我只知道中国和印度啊！

尼泊尔的领土有14.72万平方千米，有30多个民族，国语为尼泊尔语。
这里是佛教创始人释迦牟尼的出生地。

还有，这里是进入喜马拉雅山的入口，
所以每年都有许多登山者来这里，爸爸也曾经来过两次。
对了，爸爸爬过的马卡鲁峰也在这附近。

你知道怎么和他们打招呼吗？
我知道，双手合十放在胸前靠近心轮处，口中问候“Namaste（您好）”时头轻轻点一下，这是尼泊尔的问候语。

漂亮的小姐，Namaste，请问你有空吗？
认真
读书要是有这么认真就好了！

小朋友，可乐来了！
哇，好漂亮啊！

呃……我的胃好不舒服……
呃，你还好吧？
小志！

大概是晕机吧！他可能不太习惯坐飞机。
真是个机灵鬼！
嘻嘻，计划成功！

唉，这个小孩好可怜哟！我这儿有晕机药……
这个声音是……

呼
呼
我突然也觉得快不能呼吸了！

那我来帮你做人工呼吸吧！
呃

老太太，不，阿婆，我很好！
嘻嘻！年轻人不要害羞嘛……

特里布胡凡机场

你笑够了吗?我已经丢脸丢够了！
谁叫你学我装可怜！
哇哈哈哈

只可惜妈妈没看到你的表情！
你要是敢跟妈妈说，我就和你断绝父子关系！

行李区
从现在开始要紧张喽！珠穆朗玛峰是不能和你以往爬过的山峰相提并论的！

最早登上珠穆朗玛峰峰顶的英国探险队也是历经多次挑战后才成功登顶的，可见攀登珠穆朗玛峰有多么困难！
我知道！首先登顶的是希拉里和诺尔盖这两位英雄！
我上网查过了！

*** 乔治·马洛里与安德鲁·欧文：**英国登山者，1924年登顶时死于珠穆朗玛峰顶附近。

我虽然知道自己很有名，但是没想到已经到这种程度啦！
哇哈哈哈
呃，怎么这么面熟？
雪迪和明马？他们是上次帮我搬运行李的工人。
抓住他！
哎哟！
啊？
嗒嗒嗒嗒
小志，快逃啊！他们是来向我讨债的债主！
快把买登山装备的钱还我！还有搬运行李的工钱！别跑，快站住！
哎哟！这是怎么回事啊？
嗒嗒嗒

山地上的古国——尼泊尔

尼泊尔位于喜马拉雅山脉的中段南麓，北邻中国，其余3面与印度接壤,85%左右的居民信仰印度教,首都加德满都,领土面积约14.72万平方千米,从东南方向西北方延伸约800千米,南北宽140千米~240千米,人口约2900万人,官方语言尼泊尔语,而英语的使用也十分普遍。

尼泊尔是个多民族国家,有30多个民族,主要是卡斯人和尼瓦尔人。众多民族使尼泊尔呈现出文化上的多元性与差异性，例如夏尔巴人擅长攀登高峰，因此是登山者们最信赖的高山向导；而尼瓦尔人则以手工艺精巧著称,许多雕刻、建筑都出自尼瓦尔人之手。

每年有许多游客来到这个国家观光、旅游,因为这里是佛教创始人释迦牟尼的诞生地,而且还有印度教、佛教等宗教,这些都深深吸引着各国游客。更值得一提的是,每年聚集在此地的各国登山好手,都期待着能一举登上喜马拉雅山的最高峰——珠穆朗玛峰。

加德满都附近的景致

攀登珠穆朗玛峰的历史

埃德蒙·希拉里和丹增·诺尔盖(左)

英国在得知珠穆朗玛峰为世界第一高峰后,便于1921年组织登山队,前往珠穆朗玛峰勘探攀登路线,并从中国西藏境内攀登,可惜没有成功。1922年,英国再度派遣登山队,以布鲁斯为队长,创下了8225米的登山纪录,不过后来还是没有成功登顶。在经过连续多次挑战失败之后,英国于1953年再度派遣以约翰·亨特为队长的登山队。这个登山队中包括队员新西兰人埃德蒙·希拉里和尼泊尔人丹增·诺尔盖,他们于1953年5月29日11点多从南坡登上峰顶,成为人类登山史上第一次到达珠穆朗玛峰峰顶的人。

勇攀珠穆朗玛峰的英雄

英国于1924年派出第三支珠穆朗玛峰登山队,队员中包括乔治·马洛里与安德鲁·欧文,可惜他们在到达8500米附近继续攀登后再也没有回来。1999年5月1日,一支美国登山队在海拔8150米处发现了马洛里的遗体和一些遗物。马洛里会不会已经登上珠穆朗玛峰,只是因为在下山途中遇难的呢?可惜的是,人们没有找到马洛里的照相机,也就没有可以证明他曾经登顶的证据。美国珠峰登山队员用碎石掩埋了马洛里的遗体。尽管不能证明马洛里登上峰顶,但他仍然是一位登山英雄和一位伟大的探险家。

马洛里曾留下一句名言,当他被询问为何要攀登珠穆朗玛峰时,他回答:“因为山在那里。”1995年,马洛里的孙子乔治·马洛里二世,在他的爷爷失踪71年后,成功登上峰顶,实现了爷爷的梦想。

第三章

小气鬼爸爸

恶心！走开！
求求你啦！

拜托你！
超市

你不能一直躺在我的店面门口，客人都被你吓跑啦！
谁叫你不便宜一点，没买到东西，我是不会离开的。
已经一个多小时了！

知道了，我便宜卖给你，求求你赶快起来！
起身
真的？

早点便宜卖不就没事了吗？麻烦你把煤气炉也送来！
嘻嘻
这个家伙每次来都用这种方法杀价！

请你以后不要再来了！
梯子、绳子安全吊带……该买的东西都买了！

小志，为什么你要把自己包成这样？
咳

对不起，我不认识你这种小气鬼！
什么，开什么玩笑？

你躺在别人的店门口，真的很丢脸啊！
我是为了节省经费呀！你这家伙太没良心了！

加德满都饭店

这些东西直接从家里带就行了，干吗这么辛苦？
你不知道运费很贵吗？而且只有这里才能买到便宜的登山装备啊！
呼
呼

刘峰明先生，您回来得真晚！
宾馆经理
因为许多登山者会以低价把装备卖掉，所以很多人都会在这里买登山装备。

您不是要找夏尔巴族向导吗？我帮您找到一位！
巴桑？没听过！

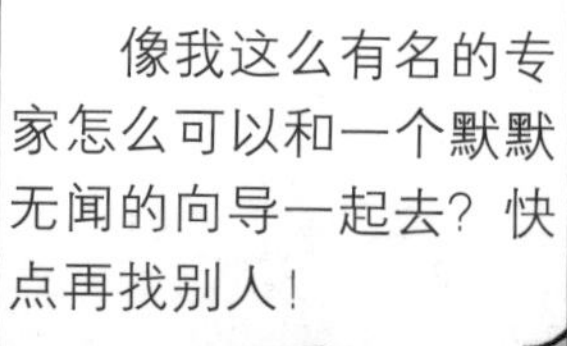
像我这么有名的专家怎么可以和一个默默无闻的向导一起去？快点再找别人！

听说您欠了许多夏尔巴人的钱……
请马上带我去见他。
转变

另外，是否可以请您先结清截至目前的住宿费……
小志，我们快走吧！

爸爸，快要吃晚餐啦！
闭嘴，快过来！
应该不会不给钱吧？

夏尔巴人是帮登山者做向导、搬运物资的人吗？
嗯，夏尔巴族是居住在喜马拉雅山的尼泊尔山地民族。

他们对高山的适应能力很强，对这里的地形很熟悉，
所以他们是这里最主要的高山向导。
呃？
哞

路已经够窄了，还有牛来这里凑热闹？
舔舔

哎呀，脏死了！竟敢舔我的嘴唇，我要教训你！
小……小志，不行啊！

牛在尼泊尔是非常神圣的动物，你不要乱来啊！
放手！别拦着我！

到底是谁这么大胆，竟敢对牛动粗？
切齿
你要杀死我们神圣的牛吗？
咯咯咯
哎呀，糟了！

爸爸,那是什么啊?
嘿!
我怎么知道啊!你忘记我是傻瓜了吗?哈哈!
装傻!
咚

你看,转牛粪特技!
好高兴啊!这里的牛粪真多!
什么嘛!两个傻瓜!

走了没?
走了!

我们真是——
默契十足的一对父子啊!
啪

还不都是你害的!
谁叫你不事先说清啊!

尼泊尔人约有89%都是信奉印度教的。
印度教认为牛是神圣的动物,你要是杀了它,你就得坐牢啊!
咳
坐牢?

在种姓制度下,古代印度人被分为婆罗门、刹帝利、吠舍和首陀罗4个等级,
不同等级的人不但不能结婚,还不能住在同一村落。

还有其他要注意的吗?
吃饭的时候,一定要用右手,因为他们视左手为不洁。

印度人洗澡、上厕所时一般用左手,因此认为左手不洁。
咻
用……用手擦屁股?

请和我保持3米的距离。
躲得远远的

爸爸你刚刚也……
你刚刚去厕所了……
没办法,我没有带卫生纸来啊!
爸……爸爸,我们讲不讲卫生啊?
你这没良心的家伙!你小时候还不是我帮你擦屎擦尿?

哎呀!
咚

你好!

爸爸,有一个人在瞪我!
不是说要保持3米的距离吗?

你就是刘峰明吗？我是巴桑。
哦，您就是宾馆介绍的向导啊！
表情怪怪的！

是的，请先到我家聊聊吧！
他长得太凶了！
小声点！

这是我女儿阿玛雅。
哇，好漂亮哟！
您好！

老实说，我的女儿阿玛雅很想跟我们一起去登山，可以带她去吗？
我想让她多积累一点登山经验。
可是，我也带了我儿子，带这么多小孩去有点不方便哪！
为难

爸爸，你在说什么？我们一定要带她去呀！
咳

你叫阿玛雅？好好听的名字！你今年几岁？
我怎么会不知道你在想什么？

别担心，我会好好照顾您女儿的！
啪
这小子真奇怪！

你一定是阿玛雅的弟弟吧！
这个家伙热情得让人受不了！
你也是个美男子呀！
抚摸
小志，不能摸别人的头！
他们认为灵魂在人的头上，所以不能把手放在别人的头上。
哎呀，这么重要的事情怎么现在才说！
嘻，活该！
看我的厉害！
刺

印度教

印度教是世界上主要宗教之一，信徒数量仅次于基督教和伊斯兰教，以《吠陀经》作为经典教义。印度教有数千个神明，其中最主要的神有代表创造之神的“梵天”（地位相当于中国的盘古），象征保护之神的“毗湿奴”以及代表破坏之神的“湿婆”。印度教并没有特定的教主、教条或中央集权式的权威组织，而是以多样化的信仰形态与生活融合而成的宗教。因此，印度教徒多将宗教视为生活的一部分，注重生活伦理实践，信守教义中的“种姓制度”与戒律。

印度教寺院内的雕像

种姓制度

种姓制度曾经是以印度、尼泊尔为主的南亚各国印度教居民中存在的一种彼此严格区分的社会等级制度。种姓制度将人分为4个等级，地位最高的是婆罗门（祭祀贵族），其次是刹帝利（军事贵族），第三种是吠舍（农民、商人或手工业者），最低阶层的是首陀罗（仆役或失去土地的自由民），另外还有不包括在这4个阶级中的“不可触贱民”（意思是连碰到他们的手都是不洁的）。由于各个种姓职业是世袭的，所以想要提升自己的等级非常困难。印度独立后，种姓制度的法律地位正式被废除，各种种姓分类与歧视被视为非法；但在民间，种姓制度仍然有其影响力。

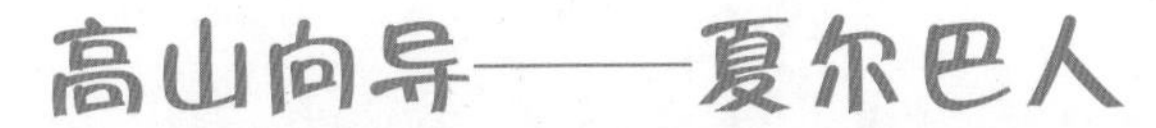

高山向导——夏尔巴人

夏尔巴人(Sherpa)藏语的意思是“来自东方的人”,他们操藏语方言,主要居住在尼泊尔北部、喜马拉雅山南麓的高山地带。中国西藏现也有不少夏尔巴族人。以前的夏尔巴人多住在高山地带，按季节过着游牧或农耕的生活,或往返于西藏和喜马拉雅山以南,进行物资交换或贸易等活动。而现在大部分夏尔巴人过着定居生活,靠种植马铃薯、玉米等农作物过活。

夏尔巴人是从丹增·诺尔盖和埃德蒙·希拉里一同攀上珠穆朗玛峰后而声名大噪的。由于居住在当地的夏尔巴人非常熟悉喜马拉雅山的地形,所以经常受雇担任登山向导或挑夫。

夏尔巴人取名字的时候是依照小孩出生在一星期中的哪一天来命名的,例如星期一出生的小孩叫“Dawa(达娃)”,星期二出生的叫“Mingma(明玛)”,星期三出生的叫“Lhakpa(拉巴)”,星期四出生的叫“Phurba(普尔巴)”,星期五出生的叫“Pasang(巴桑)”,星期六出生的叫“Pemba(边巴)”,星期天出生的叫“Nima(尼玛)”。而且更有趣的是,夏尔巴人全部都姓“Sherpa(夏尔巴)”。所以,想要知道你的夏尔巴朋友是星期几出生的,只要看他们的名字就知道啦!

第四章

登山前的祈祷

一个小时才走了10米！
呼
呼
呼
发抖

卢卡拉公园
哎哟，机场怎么会建在这种地方！

待会儿再感叹吧！快帮忙搬行李，别偷懒！
哼，行李由你搬就可以了啊！

我爸爸去租牦牛了！
牦牛？

牦牛是生活在高山地带、长得像羊的动物，因为力气大，很能负重。

从加德满都到卢卡拉虽然可以搭乘飞机，
可是到大本营就得用徒步登山的方式前往了！
嗯……
阿玛雅真聪明！

先生，搬运工人和牦牛都找好了！
辛苦了，巴桑。

这牦牛的腿真短，毛也很多！
它身体两边可各放30千克重的物品，一次可载60千克哟！
你的腿更短！

你想不想吃草呢？

咻咻咻
噢！
咔

臭小子，快点过来帮忙搬行李呀！
咚
活该！

要整理的行李这么多，你还玩？小心我晚上不给你饭吃。
哼，每次都拿吃的威胁我！
抬起
咳咳
嗖嗖
摇晃
摇晃
爸爸，夏尔巴人都这么有力气吗？
我也不知道。
确定没有遗漏的东西了吗？
当然，连爸爸你最爱的茶都准备好了！
哎哟，你也有可爱的时候嘛！
嘻！你不知道我很会察言观色吗？
终于可以出发了！
哇，好高兴啊！

小志，不要走得太快，否则很快就没力气啦！
可是我的身体轻快得就好像要飞起来似的！
跳跳
跳跳
好像是放出栅栏的小狗。

给我乖乖听话！这里氧气稀薄，比在平地走路要吃力得多！
干吗打人啊！

我们还要走一个星期，你可不要浪费体力呀！
一……一个星期？

我们要去的营地在约 5400 米的高处，距离这里约 2600 米，实际路程却有 60 千米以上啊！
拜托！光听你说就很累了！
大本营
高乐雪
卢布兹
朋瑞奇
南崎
卢卡拉
难道你事先不知道吗？

嚯 嚯
咦？
哇，只要听到口哨就会过来呀！
它还会自己找路呢！
那个人为什么把行李吊在头上？
这是我们的传统，有时甚至可以边走边织毛线呢！
这种事大多由女性来做。这里也多是由女人来养家。
那么男人都做些什么呢？
男人只在登山旺季时做些向导或搬运行李的工作，平时并没有固定的工作。
我爸爸也差不多，他花钱总比赚钱更卖力！
废话少说，快走啦！

这座吊桥
摇得这么厉害，
会不会断掉啊？
摇晃
摇晃
这已经算
很好了，你这
胆小鬼！
哗
哗

几年前这里
根本没有吊桥，
只有独木桥，甚
至得用绳子才能
渡河。
紧张！
糟了，3天
的粮食！
哗啦

而且，这河水
冰冷的，我还以为
会被冻死呢！
这里的
河水可是冰
川融化后流
下来的呢！

冰川水煮泡
面一定很好吃！
咕噜
这水里含
有大量的石灰
质，不能喝呀！

哇，这桥怎么这么高哇！
夏季下雨时，溪谷的水位会上涨，有时甚至会高过桥面呢！
我们现在步行的路线就是沿着冰川所形成的溪谷行走的路线哟！
咦，那是什么？
唵嘛呢叭咪吽！
这是什么咒语吗？
为什么岩石上写着奇怪的文字？
这是嘛呢石，是为了赞颂藏传佛教的创始者——莲花生大士而刻的。

"唵嘛呢叭咪吽"又被称为"六字真言"！据说用心诵读可获不可思议的功德和利益！

唵嘛呢叭咪吽，希望我爸不要那么小气。
你想挨揍啊？

快一点，我们在日落前要赶到帕丁！
呜！

啪
呃？

哎呀，有东西从我的领口掉进去了！
大惊小怪！

这个……是水蛭！
会吸人血的水蛭？赶快帮我拿掉！
抖抖
你好！
吸……
吸……

男子汉大丈夫，一只水蛭有什么好怕的！
啪
吸完血它就会自动掉下来。

哎呀，水蛭啊！巴桑快帮我！
你还不是一样！

啪
哇！

抓到水蛭了？
我也快被打死了！
打死你

帕丁

我们终于抵达休息站——帕丁了！
呼——终于可以休息了！

阿玛雅，我们来照张相好不好？
好啊！

我也来一张。
谁要拍你！赶快来帮我们拍照啊！
茄——子！
这真的是我儿子吗？
叔叔，要照漂亮一点哟！
等着瞧吧！
好，我数到3！
茄——子。
二又二分之一。
呃？
二又四分之三。
啊啊
二又八分之七。
什么时候才数到3啊？
笑僵了啦！
发抖 发抖
相机里根本没存储卡……

前往世界第一高峰

要想攀登世界第一高峰——珠穆朗玛峰，除了去西藏从北坡攀登以外，还可以选择从南坡攀登：先到尼泊尔首都加德满都，从那里转机到卢卡拉机场，接着再以徒步旅行的方式经过南崎、朋瑞奇、卢布兹和高乐雪，最后才能抵达攻顶的前哨站——珠穆朗玛峰大本营。虽然说来简单，但实际上，攀爬的过程不仅艰难，而且随时面临死亡的危险呢！

建在海拔 2800 多米山坡上的卢卡拉机场

步行前往大本营

巍峨的山峰

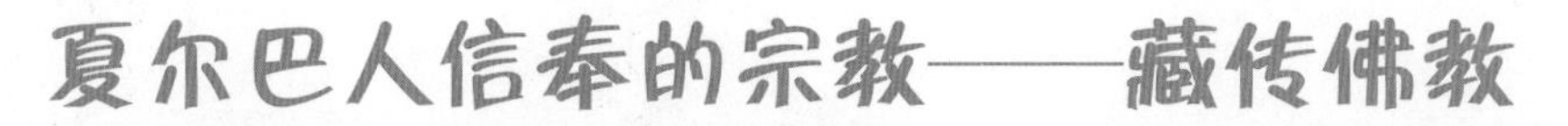

夏尔巴人信奉的宗教——藏传佛教

夏尔巴族人信奉的是喇嘛教,即藏传佛教。藏传佛教是指传入西藏的佛教分支,“喇嘛 ”是藏传佛教中对高僧的敬称。佛教大约是在公元7世纪时流传到西藏的,由于曾与当地信仰的“本教”融合,因此有其他地区的佛教所没有的观念、特色,甚至法器。例如:藏传佛教相信活佛“转世”,也就是某些喇嘛在死后还会再投胎到人世继续修行,其中地位最高的就是达赖喇嘛。此外,藏传佛教还有严格的学经制度与完备的寺院组织,并且以藏文译本形式保留下许多目前在印度已经失传的佛教经典。

嘛呢石

“嘛呢石”是为了赞颂藏传佛教的创始者——莲花生大士而雕刻的。嘛呢石有两种,一种刻着神佛的形象,一种刻着“六字真言”。夏尔巴人若是看到嘛呢石,口里都会念出“唵嘛呢叭咪吽”这六字真言。因为夏尔巴人认为吟诵这六字真言,不仅能向莲花生大士表示祈祷,也能广积功德,与佛融合,并洗清身上的罪孽。

嘛呢石的外观

第五章

恐怖的高山病

我缺氧，赶快帮我做人工呼吸！

登山的第三天，在南崎

小志，你要睡到何时？快起床！
咚

爸爸，你儿子快死了！
你这小子又想装病！
老是来这一套！

小志，我们去吃早餐吧！
用吃的来诱惑他！

我不想吃。
什么？
跌倒

哎哟，你是真的不舒服啊！
这样他才相信我是真的生病……

头痛、发晕、想吐，我整晚都没有睡好。
什么？这是高山病嘛！

这是遗书！我的零花钱留给妈，电脑给你。
呜
遗书
不舒服还有体力写遗书？

高山病是因为氧气少、气压低而引起的。
爬上高山时特别容易患这种病。

高山病的症状：1. 头痛、
睡不好，全身不舒服。
痛
痛
这是因为脑部无法获得足够的氧气！
2.眼睛充满血丝，脸部肿胀。
哇，眼睛好红呀！
水分无法排出，就会水肿！

3.没有食欲，想吐。
呕吐
你昨天偷吃泡面了吗？

此外还有尿量变少和呼吸困难等症状。
不要故意在我面前吃东西！
咕噜
过分！
啊！

小志，好一点了吗？
只有阿玛雅最关心我了！

别怕，多休息、多喝水，很快就会好的。
我还加了鸡蛋。
阿玛雅，连你也……
呼噜噜
叔叔，给我吃一点！

高山病会像影子一样继续跟着你，你会适应它的！
什么，不会好吗？
口臭！

高度越高，就越容易出现高山病啊！
所以一天只能爬 300 米至 600 米的高度。
好啊！
要不要吃水煮蛋！

爸爸也会得高山病，等着瞧。
像我这种经验丰富的登山者，早就习惯高山的环境了！
气吧！嘻！

为了让小志适应高山环境，今天休息好吗？
多留一天要多增加费用哟！真麻烦！
缩减经费

我重要还是钱重要啊？
钱很难赚嘛！
HAMCHE

第二天
呃呜
怎么还不好啊？

我口好渴，给我水……
水在这里！

嘿，阿玛雅
这样好温柔啊！
这小子
故意的！
啊！
吃药……

为了补充营
养，我炖了鲜汤，
大家快来吃吧！
清醒
鲜汤？

爸爸，我病好了，
拜托你给我一口。
你的胃不舒
服，不能吃，只能
好好休息喽！
小志，你
闻一闻香味
就可以了！
呜——
不应该装病的！

什么是高山病

人如果从海拔较低的地方到海拔超过3000米的高度时，身体会因为无法适应这种缺氧环境而产生许多不适的症状，如头晕、头痛等，统称为高山病或高山反应。

为什么会产生高山病

高山的气压较低，空气中的氧气含量也较少。人们如果没有足够的时间适应这种低压、低氧的环境，身体便会产生许多不适的症状。

高山病有哪些症状

最常出现的症状是呼吸困难、心跳加速、头痛、恶心、呕吐和食欲不振等，有时候腿或脚上也会出现水肿等情形。严重时甚至可能出现肺水肿、脑水肿等致命的病症。

如何预防高山病

预防高山病最好的方法，就是爬山时要把时间计划得充裕一些，慢慢增加高度以适应环境，使血液里的氧气保持较高的浓度。此外，还要喝足够的水，以保持体内有充足的电解质和水分，并避免抽烟、喝酒和喝碳酸饮料。如果出现高山病的症状，最佳的治疗方法是回到海拔较低的地方，以免加重症状。

第六章

艰苦的旅程

哞!

第五天，在朋瑞奇
哎哟喂呀

小志，快帮我抓一下。
痒死我了！
抓
抓
抓
抓

干吗一直抓背呢？
抓
下面一点！
抓
有虱子，害得我们整晚都没睡好！
抓

可能是从牦牛身上跳到我身上的！
喷
喷
被虱子咬，都是你害的！

干吗在我头上喷药？
喷
我小时候就是这样抓虫子的啊！
喷

不喜欢啊？那只好用石油洗头喽！
你疯了！用石油洗头？
这方法好！

把头发理光不是更好吗？
她比我更毒！
快剃吧！
阿玛雅！

大家都欺负我！呜呜！
今天将是最吃力的一天，别再吵了！

不用担心，我已经完全适应高山了！
我真是登山界的天才啊！
哇哈哈哈
他疯了吗？
嗯，大概是高山的气压太低了！
一个小时后
呼
呼
他好像小狗哟！
呼
你刚刚不是说自己是天才吗？
呼
呼
他已经累得说不出话了！
真是没用啊！
呼
呼

阿玛雅
说得没错。
你的体
力这么差还
来爬山啊?
什么?

快起来
练习腹式呼
吸吧!
哎哟……
好累,随便你们
怎么说好了!
扑通

什么是
腹式呼吸?
我讲了
多少次,你
还忘记!

你真的
说过吗?
没有吗?

腹式呼吸是一种
让横膈膜上下移动的
呼吸方法，这样可以
吸入更多氧气。
吸气
吐气

在氧气稀薄的
高山,这是基本的呼
吸法。
要练习到习惯哟!
吸
吸

等你年
纪大了就会
了解了!
为什么现
在才告诉我?
你不知道
老人记性差吗?

这里竟然完全没有树荫，只有一些杂草、石头和小灌木丛。
这里的海拔超过4 000米，已经进入冰川地带啦！

呃？
掏
掏

爸爸，你在干吗？
哇哈哈哈！
抓痒
抓痒
我不知道爸爸还有这样的爱好。
笨蛋！这是防紫外线的乳液呀！

呜——偷袭！
防晒乳？这不是妈妈的化妆品吗？

海拔越高的地方，紫外线越强，所以登山的时候一定要搽防晒乳液！
紫外线是皮肤的敌人！

否则可是会晒伤皮肤的哟！
难怪爸爸每次从山上回来，皮肤都会变黑。
我也要搽！

现在出发吧！
呜！谁来背我？

哞——
哞——

哞——

叔叔，小志不见了！
什么？

这小子到底
跑哪儿去了？
小志！
呼噜噜
呼噜噜
呼一呼
把他
扔下去吧！
是！
呼噜噜
爸爸，
等等我！
别管他！
咚
咚
咚

太阳光的组成

阳光是太阳上的核反应“燃烧”发出的光，经过很长的距离射向地球，再经大气层过滤后到地面。太阳光分为可见光与不可见光。其中，可见光谱段能量分布均匀，所以看上去是白光，然而它是由红、橙、黄、绿、蓝、靛、紫等7色光所组成。而不可见光则是人类眼睛看不到的光，例如波长比红色光长的红外线，或是波长比紫色光短的紫外线。红外线比可见光或紫外线具有更强烈的热效应，容易被物体吸收；而紫外线则能使许多物质激发荧光，并且能穿透空气，具有杀菌作用。太强的紫外线很可能造成皮肤或眼睛的灼伤。

为什么皮肤暴露在紫外线下会变黑

皮肤在受到紫外线照射时，底层的色素细胞会活化，并移到皮肤表层，以隔绝紫外线的伤害。这些色素虽然会让皮肤变黑，却能发挥天然的保护作用。通常皮肤比较黑的人，其皮肤底层的色素细胞较活跃，所以能更好地抵挡紫外线的伤害。反之，皮肤白的人对紫外线的抵抗力就比较弱，因此较容易因晒太阳而使皮肤红肿、疼痛。

第七章

抵达大本营

别再耍帅了!

Trekking 就是徒步旅行啊！他们只走到大本营，不会登顶！
你怎么会不知道呢？
我只知道你有便秘啦！

这里到处都是石头！
一根草也没有！
这里的海拔高度已经到了生命的极限啦！
这里叫高乐雪，意思是“乌鸦的死地”，再上去就更没有生物了！
“高乐”意指乌鸦！
嘎嘎
嘎嘎
这里的岩石是随冰川移动沉积于此的，所以也被称为冰碛(qì)岩。
走过这片冰碛地带后，很快就到大本营了！

哎哟!
轰隆砰

冰碛地带常常有落石,要小心!
轰隆
吓我一跳,怎么有落石?

我们用肉眼很难看到冰川的移动,可是冰川会慢慢往下滑落,将溪谷切开,所以这里很容易发生落石现象。
轰隆隆 摇晃
好窄,过去!
冰河

要是我再往前一点,可能就……
几年前甚至有登山者死在这里。
紧张

我的头碍到你什么了吗?
我想小志的头应该比那些石头硬吧!

这样看起来,真的好可怕!

大本营
哇，终于到了！
好棒！成功！
小志万岁！
万岁
什么啊？
阿玛雅，
我们成功了！
哎哟！

真正辛苦的路程
现在才开始，快来搭
帐篷、整理行李吧！
快！
呼呼
等一
下啊……

快点，否则
你会后悔的！
没饭
吃对吧？

人究竟是为吃而生活，还是为生活而吃？
你100%是为了吃而生活啊！

你知道怎样搭帐篷吗？
又想欺负我？
我已经很累了，别再挖苦我了好不好？

哼，你不要小看我，我可是搭帐篷专家！

首先把地面弄平。
砰砰
把帐篷桩固定好。
砰砰
然后把帐篷装上去。

完美
RAINFLY
怎么样？
嗯，样子是还可以。
哇哈哈……对天才小志来说，这简直是小儿科！
小儿科？
傻瓜！

在高山上搭帐篷的方法：

1.选好位置，然后把地面整平。

2.帐篷的入口要背风，然后用帐篷桩把底部固定住。

3.把柱子组装好，再搭起帐篷。

4.然后把帐篷的门帘盖上。

啊，完成了！
完成
看到了没？帐篷要这样搭才对！
咦？
人呢？
阿玛雅一个人没关系吗？
没关系。
咕噜咕噜

你们这些人真是太过分了！
爸爸也一样！
快逃啊
嗒嗒嗒

冰川是如何形成的

冰川多出现在雪原或非常寒冷的地方，也就是高山区或南北极，因为这些地区的降雪量超过融雪量。当雪越积越多、越积越厚时，便会形成坚固的冰。当雪与冰的厚度继续累积，直到其重量的压力超过一定强度时，整片冰川便会渐渐往低处运动，这就是冰川。全球冰川的多寡会对人类产生很大的影响。假如现在地球上的冰川全部融化的话，将会使海平面升高数十米，淹没世界上许多濒海的土地与城市。

冰川的流动

冰川的流动虽然非常缓慢，但它的侵蚀力非常强大。冰川的流动会使冰床底部的岩石松动，使山坡变得崎岖不平，并且会使山谷形成“U”字形的深谷。而被冰川带走的石头与沙砾，则会像砂纸一般摩擦山谷的地表，使岩石表面留下长长的、与冰川方向一致的擦痕。此外，由于被冰川裹挟的物体从大到小都有，所以当冰川融化时，这些大大小小的石块、沙砾，就会堆积成冰碛。

冰碛 冰川携带的石块，体积有大有小，并不规则

第八章

高山上的生活

你以为是去远足吗？
面
巧克力

祭拜仪式结束，准备出发！
爬山就爬山，干吗要祭拜啊？

这是夏尔巴人的传统，为祈求所有的人都能平安回来。
这都是迷信。

待会儿拜完的食物你不要吃哟！
这真的是个很好的传统。

在出发前先检查一下有没有遗漏的东西！

攀登珠穆朗玛峰的路线有十几条，我们要走的是东南山脊路线。
南峰
南坳
日内瓦岩凸
西圆谷
冰瀑区
大本营
这条路是最常被登山者采用的路线，也是最直接的路线。

第一个登顶的希拉里就是走这条路线登上峰顶的。

不过这条路还是充满着许多危险，所以你们要仔细听哟！
洗耳恭听！
可以顺便挖鼻孔吗？
挖挖

你就不能正经一点吗？

云层这么低，天气可能要变坏了！
真的？我查一下气象预报。

为什么要查气象预报?
难道叫我问你吗?你知道吗?

哇!你有笔记本电脑?
用笔记本电脑连接人造卫星,就可以在网络上查到气象信息了!
覆去
翻来

这里有比电脑更好的东西。
用巧克力派查气象?
巧克力派
嗖

哇哈哈哈
不，是拿这个去引诱带电脑的登山队员啦!
我是天才吧?
扑通

爸爸简直就是铁公鸡!
铁公鸡?

一毛不拔啊!
好冷

别啰嗦！去拿一杯水给我！
砰

呜！回去我要跟妈妈说，爸爸欺负我！
我去上个厕所。

这里至少要有块挡风的木板啊，好冷哟！
用力
轰隆隆
啊
呃，雪崩了？哇，壮观！
轰隆隆

小志，有雪崩！赶快回帐篷啊！
雪崩离这里那么远，怕什么啊？
更可怕的是后面的风雪！
难道我会被风吹走吗？
哇哈哈
我的妈呀！救命啊！
唰——唰
他可能会被吹到 5 000 米以下的地方吧？
屁股被看到了……

珠穆朗玛峰大本营(尼泊尔)

珠穆朗玛峰大本营设置在海拔约5400米的地方,这里是登山者可以短暂休息、重新调整装备以及等待良好天气的临时栖身之所。许多登山者会在这里适应当地的海拔及环境,以便迎接后续的登山挑战。

珠穆朗玛峰大本营

行前祭拜祈福

第九章

通过冰瀑区

真是傻瓜!
咦?

内衣、高领衫、防寒外套，只要穿这几件就够了！
我回帐篷再脱哇！
脱脱
脱脱

红色花内衣？
抡眼

这是什么？好可笑哟！
这不是我的呀！
哈哈哈

说谎！敢穿还不敢承认！
真的，我只是拿来穿而已！
那是我的……

穿好衣服后，我们就出发吧！
原来你喜欢这种花内衣啊！
少乱讲！

先把装备系好，绑上安全吊带。
哇，腰好细哟！
你哪里有腰啊？

戴上雪地太阳镜，避免强风及紫外线对眼睛的伤害。
看起来像不像电视明星？

并且在登山鞋底装上冰爪。
好像铁脚趾呢！

冰爪是攀登冰壁或高山时的必备装备。
穿着方法同溜冰鞋。
脚后跟要绑紧。

最后，手握冰斧，完毕。
看我的"正义之刀"！
傻瓜，这叫冰斧！

这不是玩具，很危险的！
咚
哎呀

现在开始说明今天的攀登路线。

今天要经过危险的冰瀑区。
什么是冰瀑啊？

是冰川瀑布的意思呀！怎么什么都不懂啊！
你真的让我好丢脸！
冰瀑是冰川流经落差很大的地形时所造成的，帘幕般的冰瀑，非常美丽哟！
哇，一定很壮观！
所谓百闻不如一见！大家一起前往冰瀑，出发喽！
百闻不如一见？
就是走100步问一个问题。
你别胡扯了！是听100次不如眼见为实的意思！
哈哈哈
我……我只是开玩笑而已啦！
好像不是吧……
到底有没有常识啊？

哇，好壮
观的冰壁！
就是这条
冰壁路线！

这要怎
么走啊？
看我的，
走冰壁我最
内行。

天才小
志，发挥你
的功力吧！
哇哈哈哈

等会儿
再表现吧！
干吗
欺负人？
我看这至
少要连接3架
梯子才够。

什么
神经！爬梯
子就好了！

我们已经爬了多少冰壁了？
不知道。但至少要接连爬 100 架梯子才够！
好累呀！

这附近有好几条冰川裂隙，大家要小心！
冰激凌？

是裂隙，听懂了没？

我们说的是冰川的裂缝，因为不知道它的深度，所以要特别小心。
冰激凌
冰川裂隙

那个裂开的地方就是裂隙了！
哼，那么小，有什么好怕的？

那是因为被雪盖住，所以才会觉得小。
砰
哗啦

小裂隙可以跳过去，但是大裂隙就不行了！
尽量远离裂隙，要小心地跟在我后面。
是！

先用冰斧刺探一下路面，确定是否可以行走。

哇！好大的裂隙！
好可怕！
我看这得用梯子才行。

怎么用梯子?
我先把梯子架好爬过去，你们再走过来啊!

这边已经固定好了，现在可以过来了!

谁先过去呢?
嗖
我推荐阿玛雅!
举手
什么?

什么男子汉大丈夫!哼,胆小鬼!
看看你抖成什么样子!
抖抖抖
我不是因为害怕才这样的!

阿玛雅,安全吊带已经绑好了。不要怕,要冷静!
加油!
呼
砰

砰砰砰砰

下一个，小志！
东摸，
西摸

你在干吗？
爸……爸爸，我肚子痛，要上厕所！

怎么可能会突然肚子痛呢？
我昨天晚上做了噩梦！
呜呜呜

别找借口了，还不赶快去！
咳咳
啪

唰
唰
唰
唰

我走不动了，真的动不了啦！我会死掉的！
唰唰唰唰
真受不了！

小志，快过来，准备吃寿司喽！

咚
咚
咚
咚
爸爸，我成功了！
只要说到吃，他大概连火坑都跳得过去！

好了，我们就在这里休息，吃寿司吧！
哇！万岁！寿司！

呃，我的包包呢？
我的寿司在包包里。
咦？

假装不知道。
啊呀，为什么我还要再走两次？
你的包包在对面呀，赶快去拿过来吃！

登山的必要装备

攀登高山时，由于高山的温度较低，且冰雪地形比平地更加危险，所以有必要准备具有防水、防寒、防滑等特性且坚固耐用的登山装备，以确保安全。以下是较为常见的登山装备。

冰 斧

它是用途广泛的登山工具。在冰雪上行走时，冰斧可以帮助止滑、维持平衡，也可用来探测冰川的裂缝。

冰 爪

在冰面或雪地中行走或攀登时必须穿上它，它能抓牢冰面，避免滑倒。这种冰爪装有 12 个齿钉。冰爪必须与登山鞋紧紧地捆绑在一起，以免行走时因脱落而发生危险。

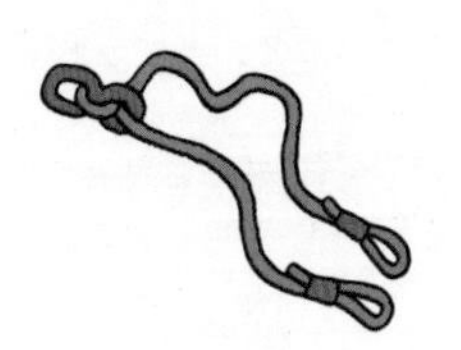

登山绳圈或扁带圈

将登山绳或扁带打结成一圈，在攀登岩壁或冰壁时使用，以确保安全。

绳索攀升器

用登山绳穿过止滑器的开关，利用止滑器内的凸牙的阻力防滑，并配合绳索做攀爬的辅助工具。这种工具可以提升攀登的速度并确保安全。

攀岩钩环

钩环是攀登器具中最不可缺少的器材，形状为椭圆形或英文字母“D”的模样，可以连接登山绳、安全吊带或是绳索攀升器。

登山鞋

登山鞋必须具备防滑、耐磨、防水、耐撞、抗压、抗震等功能，最好还具有轻便、柔软、舒适等优点，以便有效保护足部关节，帮助登山者克服各种险峻的高山地形。

防寒服

登山时最好穿上它。它防水、防寒、保暖、透气，而且具有良好的排汗作用。由于这种防寒服非常轻薄，所以携带方便。

其他工具

为了确保安全，在攀爬冰壁通过雪地时，还必须交替使用各种工具。例如在冰壁上可以使用冰螺栓，在雪地上则使用雪桩，而在岩壁或裂缝上时可交替使用冰螺栓、雪桩与岩钉等。

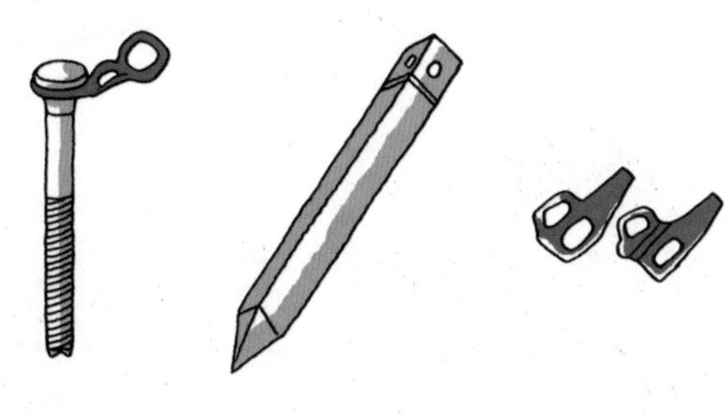

第十章

危险的冰河裂缝

快跳过来啊！

到底还要走多久的冰川呢？
已经第四天了！
因为暴风雪的关系，地貌又被改变了！

只有早上能开拓路线，这样到底要爬到什么时候？
没办法呀！太阳升起来后，冰面很可能会融化或塌陷的！
啊！
天哪，阿玛雅，你怎么了？

我的脚抽筋了！
喵
让我逗你开心吧！
好冷

你这样也安慰不了我！
喵——
别理他，他只会讲冷笑话。
你怎么这样说我？

你的笑话最没营养了！
好笑吧？哈哈哈！
原来小志的幽默是遗传他爸爸的。
这有什么好笑？

啊，按摩还真有效！
你的姿势不对，所以脚才会抽筋。
咚咚

在高山上应该以“休息式步法”行走，将身体的重心放在脚中间，慢慢向前进。
脚底要以水平方式踩下，步伐才会稳固。

然后一只腿伸直支撑着所有的体重，让另外一只腿休息，这样就不会造成特定部位的肌肉疲劳。

其实还有几种步行法可以采用,例如——
前爪攀登法
用冰爪的前面踢进雪地后前进。
下坡步行法
下坡时用脚跟着地的方式行走。
踢踏法
先把雪踩成小平台后,再踩踏前进。
踢
踢
啪
你连这个都不懂,就来登山吗?
你这个胆小鬼才没资格说我呢!
真是佩服你!
呸
我才不是胆小鬼!
嘿,之前在路上大哭的人是谁?
小志!
答对了

哼,都是那条臭裂缝哪!
冰川也快走完了,要不要换我走前面?

爸爸,我要走最前面!
咳

我愿意冒着生命危险为大家探路，请派我走最前面吧！
隆
不用这样吧?
你以为这是战场吗?
好吧，首先要把你绑起来！
为什么?
为了防止坠落啊！用绳索把大家绑起来比较保险。
好像小火车！
哼！爸爸，你明摆着不相信我，是吗?
没错！
等着瞧，我一定要让你刮目相看！

小志，前面可能有较深的裂缝，你一定要用冰斧确认以后再前进！
哎，只走几步就喘成这样！
呼
呼
用冰斧往凹处探探看，如果深的话就要避开！
知道，别再说了！我都快累死了，你还一直啰唆！
咚
呃！
喽
啊……呀！
小志！

他掉下去了！
砰
呀！
啪
唰唰
砰
小志，你没事吧？
骨碌
骨碌

什么是冰川裂缝

冰川裂缝是由于冰川的各部分运动速度不同而产生的，例如冰川中部运动速度比边缘快，便在两侧产生斜向裂隙。冰川裂缝宽可达 20 米，深可至 40 米，长可达数百米，要是一不小心掉下去，很可能就再也爬不出来啦！

陡峭的冰瀑地形

利用梯子通过冰川裂缝

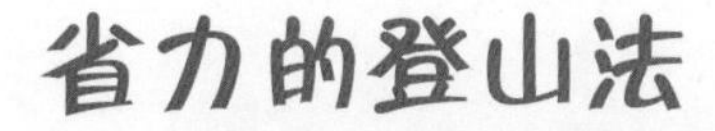

省力的登山法

登山的时候，必须注意步行的方法，否则可能造成呼吸困难、急促，脚步沉重，使肌肉过度疲劳。而使用较省力的“休息式步法”，或是使用登山杖，则可以有效缓解这些现象。

基本步行法——休息式步法

脚底保持水平的步行方法。行走在险峻的上坡时，抬起一条腿，在尚未着地时，将身体重量移到着地的腿上。这样可以让抬起来的腿作短暂的休息，帮助肺和心脏平衡地运作，并且可以防止肌肉因过度疲劳而抽筋，这是在高山上最基本的步行方法。

使用登山杖（雪杖）

登山杖是用强度很高的铝管制成的。在登山时使用登山杖，不但可以减轻双腿的负担，降低背负行李时对膝盖的伤害，而且在崎岖不平的地方行走时，登山杖可以发挥帮助身体保持平衡的作用。因此，登山时使用一根好的登山杖，能帮助我们节省体力。

第十一章

雪地扎营

嘿嘿
哟
小志，醒醒啊！小志！
呃……
呃……
啪
啪
爸……爸爸。
啊，我还以为你会因为惊吓过度而心脏麻痹呢！

为什么没有马上把我拉上来？
呜
呜
呜
为了防止再次坠落，一定要先将绳索固定啊！

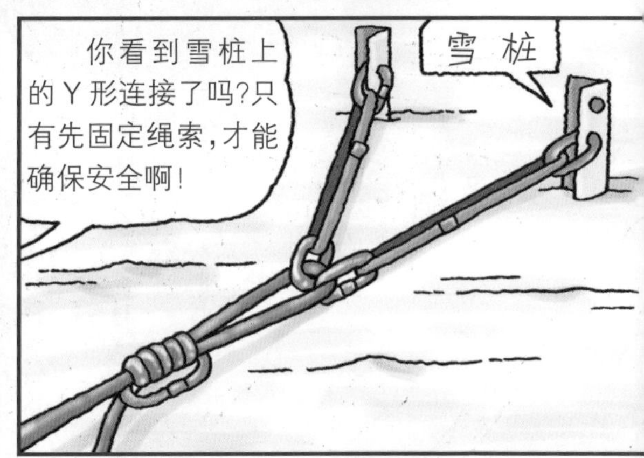
你看到雪桩上的Y形连接了吗？只有先固定绳索，才能确保安全啊！
雪桩

如果再遇到这种情况，就要利用好身边的工具。

首先要冷静，用双手握住冰斧并抱在胸前。

然后转身利用肩膀和胸部,用力压住冰斧。

最后张开双脚，设法减缓下滑速度，直到完全停止为止！

在这种时候，最需要保持冷静，知道吗？
抄写
背下来就行了！

嗯,休息完毕,准备出发！
啪
那是什么？
指示危险的标志，表示要避开这里的意思。

啪

呼
呼

呼
呼

呼，在这里扎营吧！
唉，好累！
扑通

难道不能
先吃点零食吗?
要搭帐篷
了,你还一直
坐在那里!

为……
为什么?
小志,快
把雪地太阳
镜戴上!

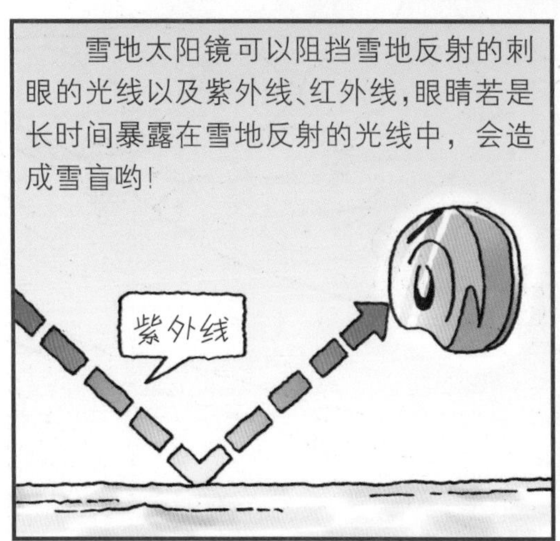
雪地太阳镜可以阻挡雪地反射的刺眼的光线以及紫外线、红外线,眼睛若是长时间暴露在雪地反射的光线中,会造成雪盲哟!
紫外线

没办法,
只好遮住我帅
气的脸了!
患雪盲症会使
眼睛非常疼痛,严重
时甚至会失明呢!
你没照
过镜子吗?

总算可
以休息啦!
先把睡
袋铺好。
干吗?我们
马上要离开,回
大本营啦!

什么?
为了运送物资及适应高山,都要这样来回几次才行。

再不听话,你就留在这里。
不要!我不回去。
哼

阿玛雅,我们走。
随便。我不走。
哼
是!

嗯,只好过两天再来!
可是叔叔,明天天气不是要变坏吗?
呃?

粮食不够,小志恐怕要饿肚子了!
咳!

嘿嘿,该不会把我丢下吧!
哈哈哈

安—静

爸爸，带我走啊！
唰
唰
咳咳
咚
冻结
爸爸！阿玛雅！
巴桑叔叔！
傻瓜，
真好骗！
跑得好
快哟！像火烧
屁股似的！

什么是雪盲

雪盲是因雪地上反射的强烈的光线长时间刺激眼睛而造成的损伤。得了雪盲后，若能休息数天，视力多半会自动恢复；但若情况严重，或反复罹患雪盲，则可能引起严重眼疾甚至失明。雪地对阳光有很高的反射率，在纯白的雪面上，其反射率甚至高达95%，也就是95%的太阳光会被反射回来。当这些几乎等同于太阳光的光线直接射入眼睛时，就会对眼睛造成伤害，出现雪盲的症状。

雪盲的症状

眼睛因为强光的刺激而受伤时，首先会导致角膜和结膜上皮细胞发生脱落或脱皮，引起角膜或结膜发炎，之后视物模糊、怕光，眼睛像是充满沙子般刺痛，有灼热感，并且会不由自主地流泪。

雪盲的预防和治疗

长时间在大面积雪地上一定要戴上雪地太阳镜，若不幸得了雪盲的话，必须用消毒的纱布遮住眼睛，避免眼睛再受强光刺激，并尽快下山治疗。

第十二章

“白色魔鬼”

哎哟！
扑通
阿玛雅！

怎么了？
呼呼
没事，只是滑倒而已。

不要逞强，先休息一会儿。
喝点水！
嗯！
我也要！

只走了一会就又渴又累！
人体在高山环境，很容易透支水分。
咕噜
咕噜

所以一天至少要喝1升水。
只有你需要喝水吗？
让我再喝一点嘛！

轰隆隆隆

轰隆隆
咚

雪……雪崩啊！快躲到旁边！

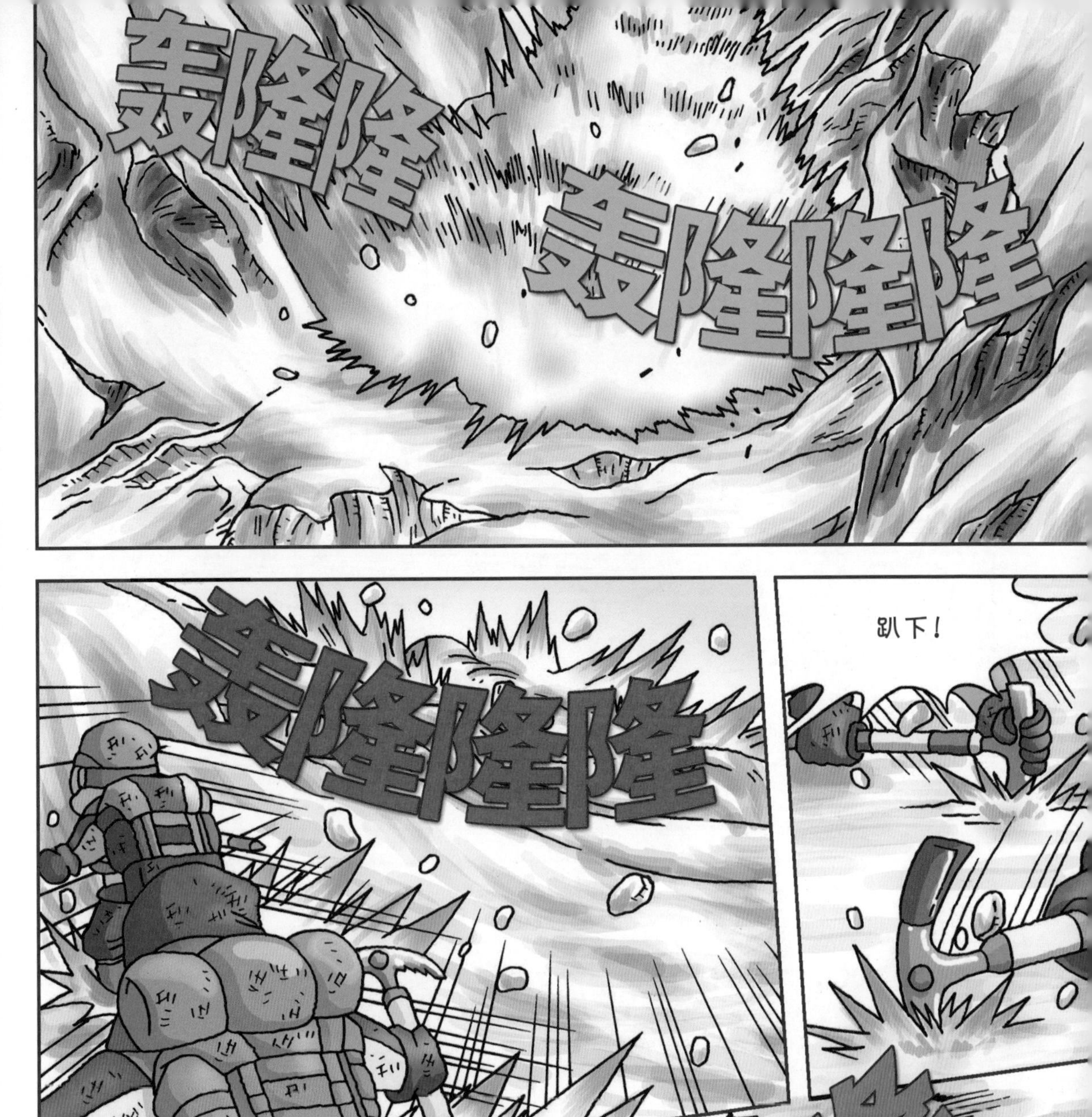
轰隆隆
轰隆隆隆
轰隆隆隆
趴下！

轰隆隆隆

轰隆隆隆
轰隆隆
轰隆
啪
大家都还好吧？
呼呼
咳咳
还好！
咳咳

雪跑进我的鼻子和眼睛里了！
刚才应该用双手把脸蒙起来才对！
还好吧？
咳嗽
咳嗽

太突然了，把我给吓坏了！
雪崩最容易发生在这种倾斜的坡地上了！

尤其是在陈雪上又堆积了数十厘米的新雪时，最容易发生。
叔叔不要看小纸条啦！
丢儿子的脸！

如果被雪埋住，就很可能被压死或因窒息而死。
会死掉？

像这样！
所以，发生雪崩时，要尽量以游泳的姿势躲到安全的地方。
自由式？蛙式？
好像狗在游泳！

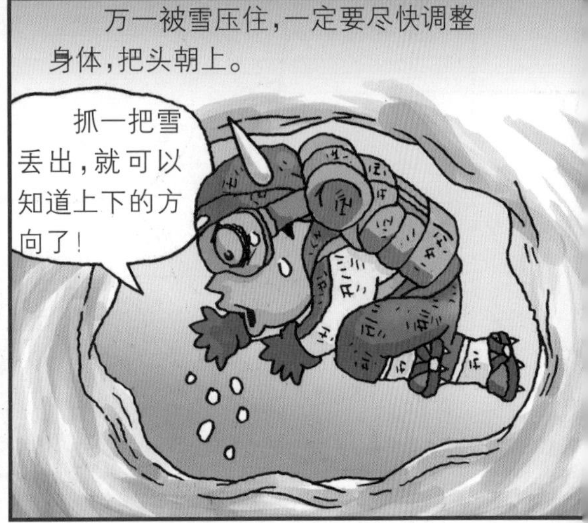
万一被雪压住，一定要尽快调整身体，把头朝上。
抓一把雪丢出，就可以知道上下的方向了！

并且在救援队抵达前节省体力、耐心等候。
睡着就会死掉的！
哎呀！

此外还可以利用粪、尿来吸引搜救犬，因为狗对气味很敏感。
这就不用示范啦！
要不要示范？
讨厌！

第二营

阳光太强了，我的脖子晒得快要脱皮了！
这外面是一片大雪原，紫外线当然很强啊！
我也被晒伤了！

是谁把行李放到外面的？
又是你？
为什么每次都先怀疑我啊？

咦，这是因为雪崩而被冲到这里来的吗？
真的?里面有什么?
哇，巧克力！
这是我的！
硬抢
喂！强盗！
呃！
小志，我跟你说啊——
什么？
咕
噜
这个巧克力已经超过保质日期20年了！
日期在这里——
那这是20年前遇难者的行李喽？
呃啊！

可怕的雪崩

登山时应避开雪崩区，以免发生意外

雪崩是积聚在倾斜面的雪突然大量塌落的现象。由于雪崩的速度很快，有时可高达每秒钟 97 米，因此威力非常惊人。雪崩时会发出打雷般的轰隆声，在一瞬间将下方所有的东西一齐淹没。遭到雪崩而被活埋的人，大约有 20%会当场因被压休克、窒息而死。在因窒息而死的人中，约有 80%是被埋在深度仅 1 米的雪堆中。一般发生雪崩时，大约只有 20%的人有机会获救。

雪的形态与变化

雪是由冰晶所形成的，其基本形状为六角形，由于环境温度和湿度的不同，形成了柱状、片状、枝状、星状等多种多样的雪晶，非常美丽。漂亮的雪花在落地后，其质地与密度都还会继续变化，约经过 50 天后，其形状会渐渐变成圆形，质地也会变得更加致密。

雪花

1 天之后

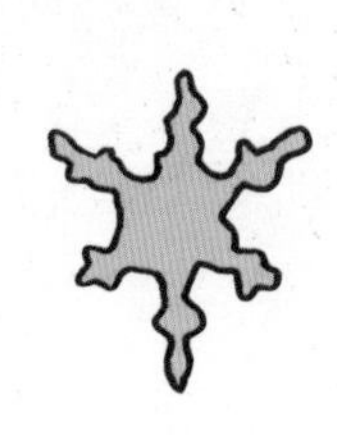
5 天之后

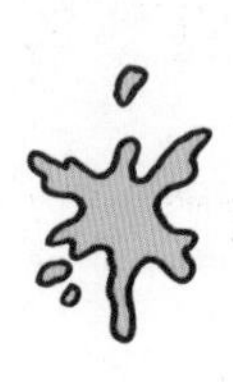
15 天之后

25 天之后

50 天之后

雪崩常常发生于冬季的山地,有些雪崩是在特大雪暴中产生的,但常见的是发生在积雪堆积过厚,超过了山坡面的摩擦阻力时。此外,白天的阳光和气温上升会造成雪的表层融化,雪水渗入积雪和山坡之间,从而使积雪与地面的摩擦力减小,与此同时,积雪层在重力作用下开始向下滑动,积雪大量滑动造成雪崩。

雪崩经常发生在坡度25度~50度的斜坡上,而且凸出的地形比凹陷的地形更容易发生。

雪崩来临时怎么办

发生雪崩时,一定要往雪崩落下的两侧跑,顺着山坡往下跑是绝对无法避免被掩埋的。

万一被雪埋了怎么办

1.在雪崩停止前,要用双手遮住脸,以确保呼吸顺畅。

2.在雪里呼出的热气可在雪中融出小洞。为了确认自己是否面朝上,可以抓一把雪丢出去,确认上方在何处。

3.如果不能从雪堆中爬出,不要惊慌,尽量维持体力和呼吸。

4.不能睡着。

5.利用粪、尿,让搜救犬容易搜索遇难者的所在位置。

6.细心倾听,若听到有人接近时,要大声呼救。

第十三章

传说中的雪人

前面的路程还算轻松，接下来不用绳索可就爬不上去了！

小志，你先上！记得要确保绳索和安全吊带已经连接好！

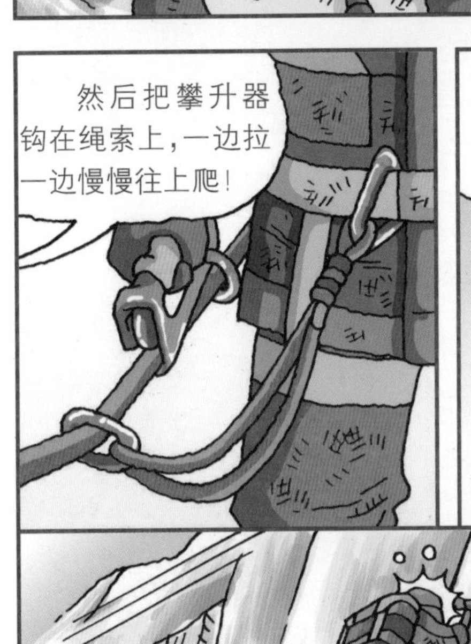
然后把攀升器钩在绳索上，一边拉一边慢慢往上爬！

在这里使用绳索攀登，可以增加安全性。

大家不要害怕，慢慢来，知道吗？

唰唰唰
呃！
呼呼
风好大，我快被吹走了！

啪

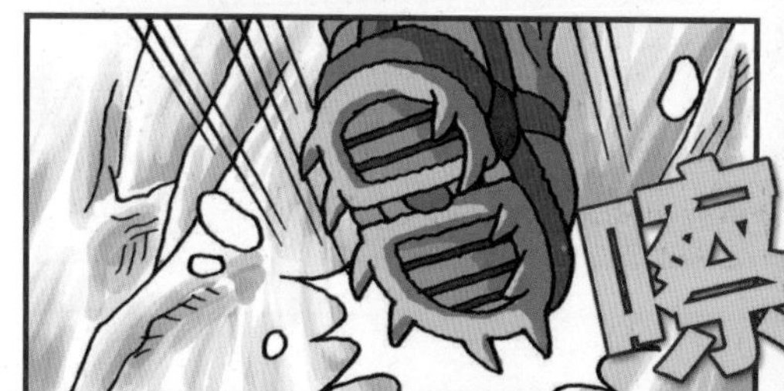
嚓

呼呼呼
唰唰

呼
呼
喘

喘喘

呼呼

咻咻咻咻
这么多乌云，搞不好会有暴风雪！

第三营
唰唰
飕飕飕
唉，
累死了！
扑通
这段路
真是让人筋
疲力尽！
而且还得
在 60 度的斜
坡上搭帐篷。

简直像在
悬崖上筑巢！
放心啦，
已经用绳索牢
牢绑紧了！
会不会
掉下去啊？

天气这
么差，恐怕不
好下山。
只好在
这儿留一晚
再说了！

咕噜

阿玛雅，起床吃早餐了！
爸爸，这是哪里啊？

妈妈呢？
说什么梦话啊？
呼呼
呼呼

小志真英俊，而且很勇敢！
嘻，我的确是蛮英俊的！
你真有眼光！
呼呼

糟糕！胡言乱语，一定是高山病！
好冷
嘎嘎
赶紧使用氧气罩！

呼呼
呼呼

在这之前她一直没有出现任何症状，让我忽略了她的健康状况。
是啊，其实她还只是个孩子！

应该把她送下山才对。
小志的情况如何？

我怎么了？
没事，继续吃你的东西。
厉害，我和巴桑因为有高山病，都没有食欲呀！

唰唰唰

用力！

哟……
好冷！屁股都要结冰了！
嘿咻

呼呼
竟然要在悬崖上大便，幸好还有绳子可拉……
摔下去就一命呜呼了！

我刚才冒着生命危险去大便！
快进来！好冷哟！

你在帐篷的右边上厕所的吗？
嗯，左侧的雪不是要拿来饮用的吗？

我怕会摔下去，所以根本没有痛快地大便。
会便秘啦……
谁叫你多吃多拉，以后少吃一点！
你知道我为什么会便秘了吧？

他们睡啦？
大概累了吧！
ZZZ

对了，你听过喜马拉雅山有雪人吗？
别吓唬我，现在怎么可能有怪物！
都已经21世纪了！

是真的啦！我是听外籍登山队员说的。
爸爸，少骗人啦！
怕啦？

据说雪人全身覆盖着厚厚的灰白毛发。

它的身高超过2米，长得一半像猩猩、一半像人，非常可怕。

眼睛还会发光，然后……
然……然后呢？

哎呀！
啊！

巴……巴桑！
叔叔，什么事？

这是我的，不许动！
说梦话啊！

才不是呢！据说1832 年就有雪人出现的纪录，1951 年还有人用相机拍到它的脚印呢！
你是为了吓我才乱编故事的吧？

好价钱嘛！我就知道！
可惜除了脚印外，并没有其他物证，这仍是传说而已。
要是可以拍到它，一定可以卖个……

砰
哎哟！
呃啊

以前都是睡不同的帐篷，所以不知道……
巴桑叔叔怎么这样睡觉啊？
磨牙
让开吧！
嘎吱嘎

不许动，给我站好！

接我正义的拳头吧！
砰
哎呀，救命啊！
哇啊
飕飕
呼

第二天
奇怪，昨晚好像做了什么运动似的，全身都好酸痛啊！
我终于了解为什么巴桑在导游群中没有好名声了！
怎么会一点都不记得呢？过分！
哎……
呜呜——

尼泊尔的气候

位于喜马拉雅山脉的尼泊尔，由于受到季风的影响，所以有明显的旱季与雨季之分。一年之中，10月至来年3月属于旱季，其中尤其以1、2月的气候最为干燥寒冷；3月后气温开始上升，4、5月是最闷热的季节。4月以后，直到9月下旬，则都属于雨季。

尼泊尔由于地势较高，地形正好便于迎接夏季的西南季风，所以在雨季时经常会有瓢泼大雨，甚至会泛滥成灾。这段时间的登山路线经常会因为大雨不断而受阻，而且也很容易发生山崩，所以并不适合登山。在寒冬中，由于气温会随着山区的海拔上升而降得更低，所以低温与寒风也常成为登山者的障碍。每年仅有11月是最佳的登山时间，其次则是3月至5月。

在季风的吹送下，夹带着水汽的云，会被喜马拉雅山抬升而降下丰沛的雨水

传说中的喜马拉雅雪人——夜帝

夜帝是传说中住在喜马拉雅山的雪人。很久以前,这种神秘的生物就已经出现在当地人的诗作之中了。它的名字在夏尔巴语中的意思是“居住在岩石上的动物”。据说夜帝的脸长得既像猩猩又像人,手臂长过膝盖,肩膀弯垂,身体覆盖着一层灰白色的毛,身高甚至高达 4 米。

可是,1832 年,西方学者霍德格逊声称自己真的见到了夜帝。1951 年,英国登山者希普顿发现了夜帝的踪迹,甚至还跟随它的脚印走了一千米之远,直到脚印消失,并且拍下了许多夜帝脚印的相片。

夏尔巴人和西藏人相信夜帝是真实而神秘地存在着的,但科学家大多认为,它是人类想象出来的生物,或只是在攀登高山时产生的幻觉而已。无论如何,夜帝的传说让登山者在闲暇时有了更多天马行空的想象与话题,也给登山的过程增添了许多乐趣。

第十四章

紧急下山

头晕啦……

第三营
已经4天了，暴风雪还不停！
呼
唰唰唰

有干咳的现象，我怀疑是肺水肿。
肺水肿？

意思就是肺里有积水，严重时甚至会死人哟！
这是高山病的症状之一！

没办法了，我们退回第二营吧！

冒着暴风雪出去？
你知道我们也没有粮食了吗？
不然呢？

小志！
啪！
说到吃的就这样……

咻咻咻咻
呼呼
根本看不到前面！
这是“白蒙天现象”，因为天空和大地都被雪覆盖了！
唰

固定绳索被暴风雪弄断了！
真是雪上加霜！

唰唰唰

我们走最前面，你们一定要跟好啊！
呜——好怕呀！
相信我！

唰唰唰
呼呼
呜
呼呼呼
怎么走这么久还没到呢？
东张
西望
呼呼
好像迷路了！
什么？原来你根本就不值得相信！

再这样下去，连我们也会有危险的！
没办法，谁叫我们跟错人呢！竟然还迷路！

少啰唆，我们赶快找个地方休息吧！

这样怎么休息啊？

所以要赶快找个可以挡风的地方啊！笨蛋！
冷啊

要是我们的体温一直下降，很快就会冻死啊！
呼呼呼呼
大家快来！这个位置不错！

唰唰唰
呼呼呼呼

呼噜
呼噜

小志，不能睡！
哎哟！
啪啪
啪啪

只要一睡着，体温马上就会下降啊！
我的脸已经冻僵了，你还捏！
痛
痛

睡着就会死掉，你一定要忍住啊！
爸爸，我好害怕！

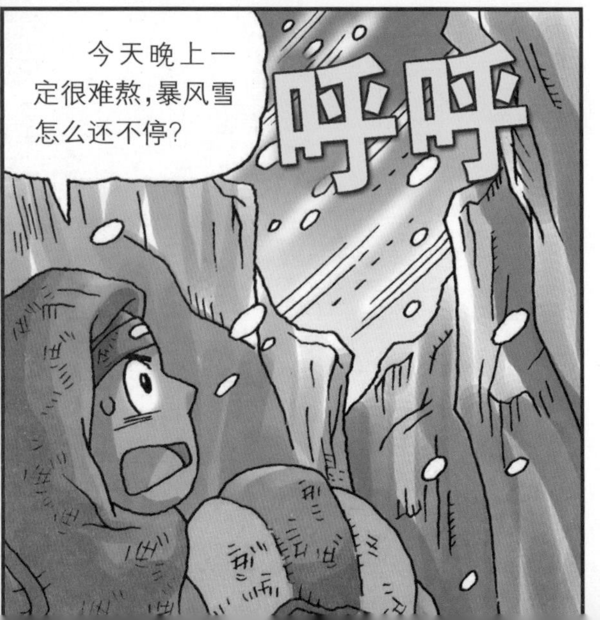
今天晚上一定很难熬，暴风雪怎么还不停？
呼呼

哇，天气突然变得好晴朗哟！
用力！
嗯
砰
幸好我们熬过来了！
呃啊
咚
这是怎么回事？原来第二营就在眼前啊！
呃……怎么昨天都没看到……
我们昨天为什么要待在下面？

登山可能罹患的疾病

高山肺水肿

高山肺水肿是高山病的一种，也就是肺部积水的疾病。症状是干咳和吐出泡沫性或粉红色的痰，而且嘴唇和手指甲都会发青。患者一旦失去意识，在 2 小时 ~ 6 小时内就会死亡，因此须尽快补充氧气，并将患者带到海拔较低的地方。

脱 水

攀登高山时会使人消耗大量体力，排出大量的体液，即使呼吸次数增加，也会呼出比平常更多的水汽。这时，血液的浓度会因为水分不足而变高，导致血液流动缓慢，进而使氧气的供应变得更加困难。所以，登山前一定要喝足够的水，才能避免脱水所带来的困扰。

腹 泻

在高山上如果发生腹泻，不但会有腹痛、全身无力等症状，而且极易脱水。所以，即使是饮用未受污染的高山雪水，也最好煮沸后再饮用，或让水在 70℃以上的温度煮 10 分钟以上，才比较安全。

水 泡

艰苦的跋涉可能会使脚长水泡，并且容易化脓甚至溃烂。因此，在发现脚起水泡时，可用无菌针管抽光水泡内的液体，再用干净的纱布裹住患处。另外，也可用预防发炎的药膏涂在水泡上，以降低细菌感染的风险。

白蒙天现象

当地面都被雪覆盖住，天空中都是密云的时候，来自天空的光线亮度会与雪地折射的光线亮度几乎相等，这时就很容易发生“白蒙天现象”。白蒙天现象发生时，整个世界看起来白茫茫的一片，人眼无法判断空间与方向，很容易丧失距离感。所以，当这种情况发生时，最好等视线清晰后再行动，以免和同伴分散或迷路。

紧急扎营——露宿

露宿是指在山上时，不使用帐篷睡觉的意思。高山上因为气温低，体温也会跟着下降，所以会加重身体的负担，因此，必须要审慎评估后，再决定是否要以露宿方式过夜。此外，最好能在可以避风、雨、暴风雪的地方或岩石之间露宿。在积雪较多的地方，可以挖雪洞或冰屋。

第十五章

火烧帐篷

唉,好累呀!
呼
呼
呼

这是大本营,第三营请回答。
唰唰
呼呼呼

这里是第三营,请说!
嚯嚯
嚯嚯
阿玛雅没事了!

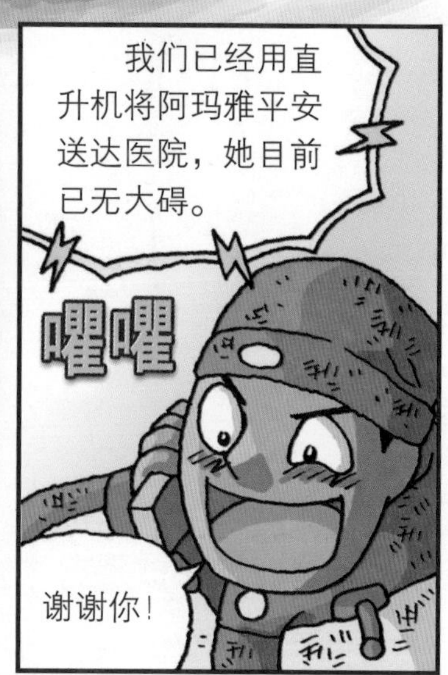
我们已经用直升机将阿玛雅平安送达医院,她目前已无大碍。
嚯嚯
谢谢你!

她没事!太好了!
幸好我拜托了外籍登山队员!

奇怪,电话是哪儿来的?
哼,还不止一个呢!
又是用一个巧克力派换的?

在攀登高山时电话是非常有用的。
花了不少钱吧？
我不是小气鬼，该花钱时还是很大方！

我用了10个巧克力派换来的。
我说嘛！
应该杀价的！

准备出发，我们要登顶了！
什么，不是只到这里而已吗？

什么？再不去，说不定天气会变糟的！
可是巴桑叔叔也不在啊！

有什么关系，我可是攀登过8000米高山的男子汉啊！
哇哈哈哈
这次我真的要把遗书写好才行！
呜——

啪

唰唰唰唰
呼呼

虽然只走了几步路，可是好像跑了 800 米！
呼呼
呼呼
呼呼

前面就是“石环”区了！
你是说暴露在外的岩石区吗？
呼呼

因为不断经历结冻、解冻的过程……
没错，这是一种特殊的冻土地貌。

这里也是 1996 年 3 位登山者不幸坠落的地方。
为什么你要不断地打击我的信心？
不要松懈了！

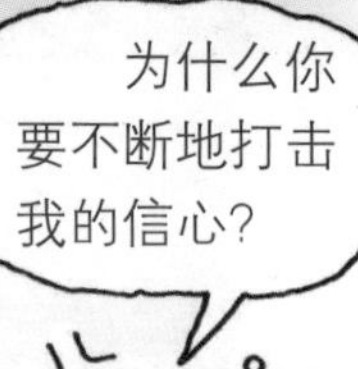

呼呼

呼呼

喘喘
咔啦
喘喘

爸……爸
爸，我快死了！
小志，
怎么了？
呼呼
呼呼
快 ……
快要窒息了！
快，这是
氧气面罩！
哎哟
呼
呼

不要大口吸，
要慢慢吸。
吸吸

还是戴着氧气罩好了，
海拔 8000 米的氧气量甚
至不到平原的三分之一。

难道
大便时也
要戴吗？
你还有
心情开玩笑？
呼
呼

不是有人连氧气
面罩都没戴就登上珠
穆朗玛峰了吗？
是啊，不过
对你来说，那样
太吃力了！
哎哟

人在高山上时，由
于气压较低，会影响肺
血液携带氧气的能力，
很容易缺氧。
那为什么那
些人不需要使用
氧气面罩？

他们是少数受过专业训练的登山者，已把体能调整到最佳状态了！
那你也不要用哟！
为什么？

1978年，意大利登山家梅斯纳尔没带氧气瓶登上珠峰顶，他是第一个不带氧气瓶而登上珠峰的人。
这太不可思议了！

第四营
唰唰唰唰
呼呼

风好大，搞不好站着都会被吹走！
没办法，这里刚好是风口。

我们现处在南峰下方的凹陷处，紧邻中国的西藏呢！

风很大，几乎没有积雪！
难怪四周都没有雪，我正觉得奇怪呢！

水开了，我们煮麦片随便吃一吃吧！
哼，想吃五花肉！

为什么一次点两个炉子呢？
因为氧气不足，若只用一个炉子，火力会不够。

咦，为什么水沸腾了却不觉得烫呢？
因为气压低，水的沸点也会跟着变低。

水在1个标准大气压的沸点是100℃。水在0.9个大气压时，只要97℃就会沸腾了！
再怎么煮也不会超过沸点……

所以在高山煮饭时，饭会因为水的温度不够而煮不熟！
哇，爸爸好厉害哟！
啪
啪
啪

何必鼓掌，我本来就很厉害啊！
真会得意忘形啊！
哈哈哈

不给你吃!
别再拿
吃的整我了!
过分!
哼,我
自己煮!
不行,
不要动!
哎呀!
轰隆
着火了!
快打119!
你当这里
是哪里啊?
唰
真的被
你气死了!
你还算幸
运,你看我的睡
袋都烧出了一个
大洞!好冷啊!
唰

人体极限的挑战——“无氧”登顶

1978年，意大利登山家莱因霍尔德·梅斯纳尔在没有带氧气瓶的情况下登上珠穆朗玛峰峰顶，并以此壮举震惊全世界。因为此前根本没有人可以在不使用人工补充氧气的情况下登上珠穆朗玛峰！

事实上，无氧（不携带氧气瓶）攀登高峰已经超越了人类体能的极限，因为珠穆朗玛峰的气压大约只有海平面的34%，而且氧气量也只有海平面的四分之一而已。因此，当人身处高山时，肺部输送到血液的压力会跟着变低，使氧无法顺利输送到身体各部位。这也是绝大多数登山者都必须携带氧气瓶的原因。

现在，有很多职业登山家把完成无氧登山视为一种荣耀，对他们来说，无氧登山不仅是对自己身体极限的挑战，而且能让他们更贴近大自然，并能提醒自己不忘对高山的敬畏。

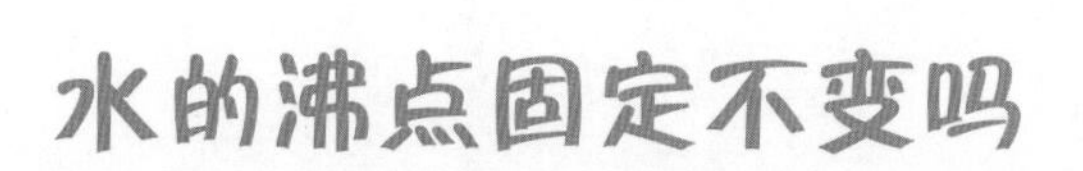

水的沸点固定不变吗

沸点是液体开始沸腾时的温度。当我们加热液体时，液体的温度会持续上升，一旦温度到达沸点，液体便会沸腾并迅速变成气体。之后无论如何加热，温度也不会再上升。例如，水在 1 个标准大气压的沸点是 100℃，也就是水在 100℃时就会变成水蒸气并把热量带走，因此水温不会超过 100℃。但在珠穆朗玛峰上，由于气压较低，水的沸点只有约 72℃。也就是说，我们平常煮东西的时候，水温必须升高到 100℃，水才会沸腾；但是在珠穆朗玛峰上，水温达到约 72℃后，水就沸腾了，即使继续加热，水温也不会再升高了！

在高山上煮饭不容易熟怎么办

由于高山的气压较低，水不到100℃就沸腾，饭就难煮熟。不过，只要使用压力锅，就可以解决这个问题了。因为压力锅会增大锅里面的压力，所以即使是在高山上，也可以很快煮熟食物。如果没有携带压力锅，可以用石头压住锅盖，这样也能增加锅内的压力，使水的沸点提高。

第十六章

勇敢的撤退

呼
呼
呼

唰唰唰
呼呼

出发前再确认一次登顶路线。
是！

早上要攀登冰壁和岩石带，一直到中途的观景台。
然后攀爬希拉里台阶。
峰顶
南峰
希拉里台阶
观景台
第四营

希拉里台阶是约8米高的岩壁！

距离登顶至少还要 12 个小时，要有心理准备。
是！
走！
唰唰唰唰

飕飕飕飕飕

啪

呼
呼
嚓
嚓

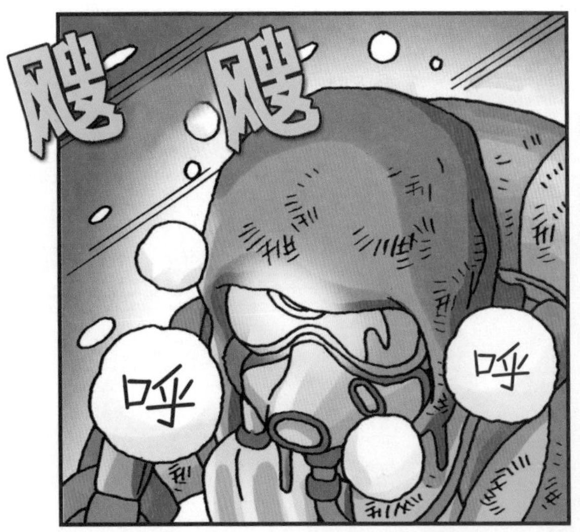
飕 飕
呼
呼

唰唰
呼
呼

哎呀！
小志！
滑倒
咚

没事吧？
我的冰斧掉了，我的手好痛啊！

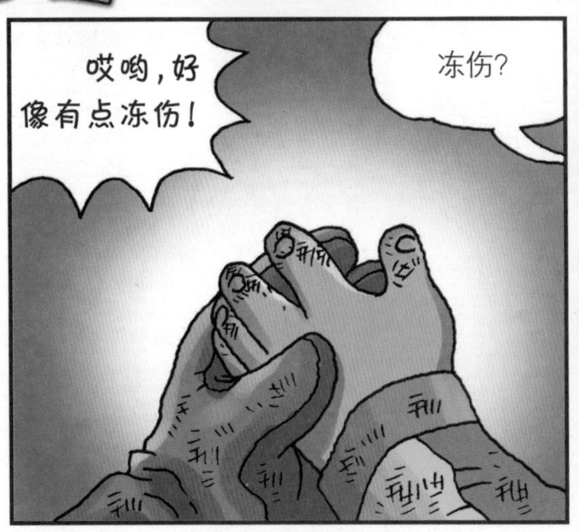
哎哟，好像有点冻伤！
冻伤？

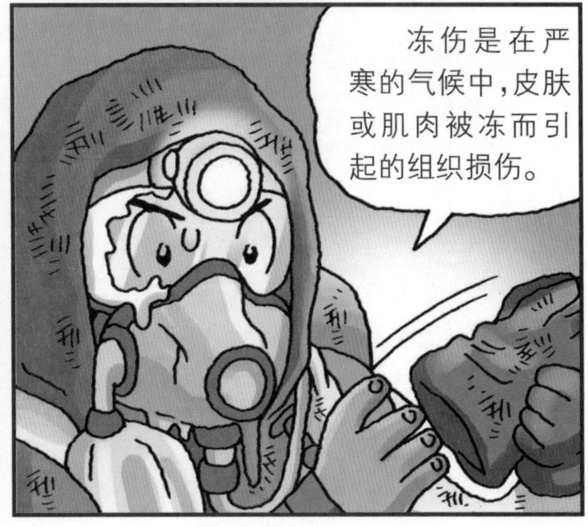
冻伤是在严寒的气候中，皮肤或肌肉被冻而引起的组织损伤。

冻伤严重时，连肌肉、骨头都会坏死。
真的？
揉揉
揉揉

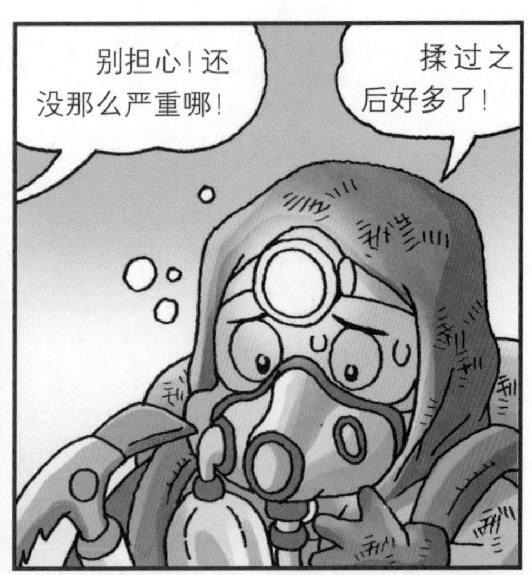
揉过之后好多了！
别担心！还没那么严重哪！

唰
唰唰唰唰
唰
嚓
嚓
飕飕飕

这里的风雪
好像更大了！
呼
呼
呼
飕飕飕飕
呼呼呼呼
哎哟！

唰唰

好冷哟！
体温正在
急速下降……
发抖……
风越来
越大了！
呼
呼

不行，我们
回第四营吧！
什么？

目前很难
继续前进了！
好不容易
才到达这里呀！

选择后退
也是一种勇气，
明天再来吧！
唰唰唰
呼
呼
呼
飕飕飕飕

一步一步向峰顶前进

通过大雪原

攀登冰壁

营区附近的景观

在南坳仰望珠
穆朗玛峰峰顶

站在珠穆朗玛峰峰顶的登山者

第十七章

追随希拉里的脚步

休息一夜后，
又回到这里了！
还好，昨天
的暴风雪停了！

要爬这山
脊，不简单哪！
两边都
是悬崖！

风会从悬崖
的两旁吹来，就像
刀刃似的。

坠落的话
恐怕连尸体也
找不到喽！
走吧！
好恐怖！

唰唰唰唰
呼呼
实在太
痛苦了！
哎呀！
滑
咔啦啦
发抖
发抖
不要看
下面，看我
的后背！

呼呼
咳咳
呼
呼

呼
呼

呜啊
呼
通过了！
呼
扑通

全身的细胞好像都吵着要氧气……好累……
前面就是希拉里台阶了！
呼
呼
呼

这个名称来自第一个登顶的希拉里。
这是高约 8 米的垂直岩壁。

我先上去固定绳索，你休息一会儿吧！
你还好吗？
呼
呼
嗯！

爸爸，你要小心啊！
唰唰唰唰

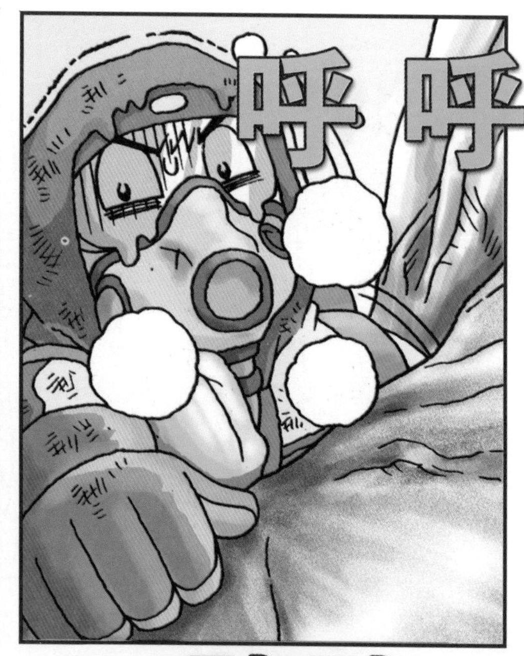
呼呼

呼
呼
飕飕飕飕

唰唰
好了，小心上来吧！
呼
呼

把固定绳索连接在安全吊带上，再把我甩给你的绳索接上安全吊带。
呼
呼

唰
唰唰

我的手
没力气了！
呼
呼
咳咳 咳咳

咔
嚓

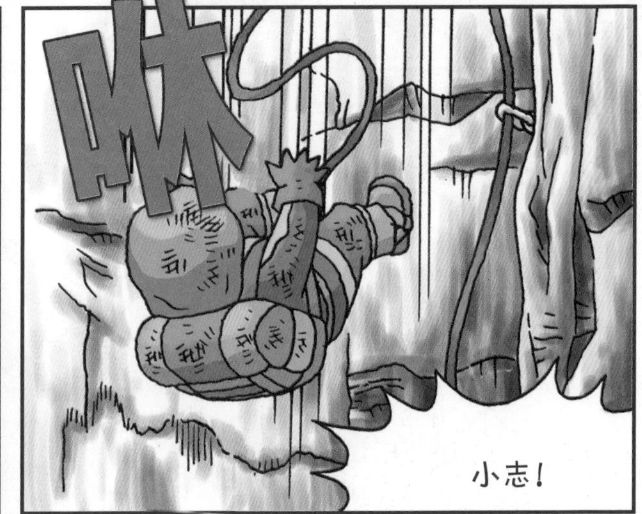
咻
小志！

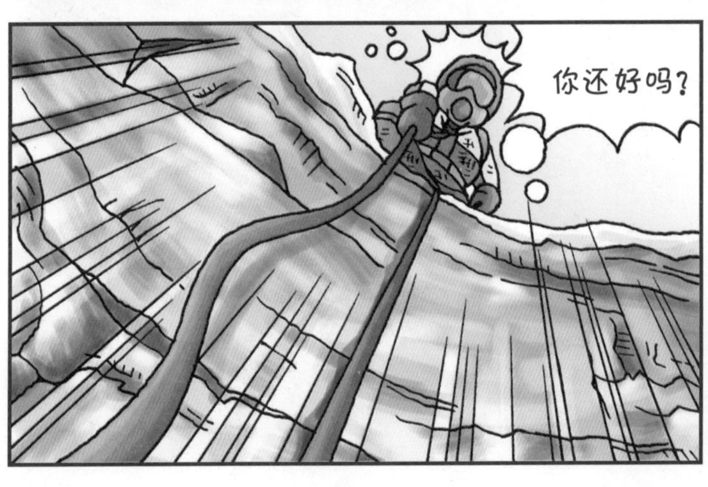
你还好吗？

啪

咚

这样吊着很危险，快稳住！
呜呜
呜呜
呜呜
爸……爸爸！

靠在岩壁上，慢慢爬起来！

呼
呼
嗯，很好！

再用力！再用力一点！
呼呼
呜呜

小志，做得好！
呼呼
要命……
砰
小志！
啊
加油，我们要冲顶了！
咳咳
呼
呼
呼
咳咳
目标就在眼前了！
呼
呼
呼

攀登珠穆朗玛峰路线

攀登路线图

攀登珠穆朗玛峰的主要路线

1.东南山脊路线:这是最早的珠穆朗玛峰攻顶的路线,途经冰瀑区、西圆谷、日内瓦岩凸、南坳及南峰,即可到达峰顶。此路线被视为所有攀登路线中最简单的路线。

2.东北山脊路线:这条路线经过西藏通过北坳继续往山脊攀登,至南坳后,与东南路线相同。

3.西北脊转北壁路线:自冰瀑区、西圆谷的6500米处,再进入北壁的霍恩拜茵大岩沟。

4.西南壁路线①:此为攀登最困难的路线。它是从西圆谷处进入冰原,再通过8300米上端的黄石带区,之后再接南坳的路线。

5.西南壁路线②:从西圆谷附近进入,于8000米附近连接西路线。

6.西脊直登路线:从罗拉山口通过西路线后,直接攻顶。

7.北壁路线①:从北壁下方直登,通过霍恩拜茵大岩沟后攻顶。

8.北壁路线②:沿着绒布冰川,通过霍恩拜茵大岩沟后攻顶。

9.北壁路线③:从绒布冰川至右侧西路线,然后再前往霍恩拜茵大岩沟,而后攻顶。

10.南脊路线:约在西圆谷处,沿着山脊爬到南坳。

11.东壁转东南山脊路线:沿着康雄冰川而上,再连接东南路线。

12.东壁路线:沿着康雄冰川,前往南坳后再登顶。

第十八章

成功登顶

登顶啦！

呼呼
呼 呼
呼呼
呼
呼呼
呼
呼呼
拼命
呼呼呼
拼命
紧张
紧张

紧张
紧张
紧张

咻咻咻咻咻

感动
爸爸，
没有路了！
感动
感动
我不是
在做梦吧？

哇——
成功了！
太厉害了，儿子！
爸爸！
呜
呜
呜
呜
阿玛雅，整个世界好像都在我的脚下哟！
哇哈哈哈
真厉害，恭喜你喽！
对天才小志来说，这根本就不算什么！
恢复得真快！
刚刚不是快死了吗？

还好,你
平安无事!
回到较低
的地方就好啦!
你快下山吧!

小志,
来照相吧!
嗯,好!
下次
再见喽!
亲
亲
恶心!

茄——子!

好像把小志
切掉了!
咔
嚓

什么，又要去登山？
我要向喜马拉雅山所有超过8 000米的高峰挑战！
儿子，快跑啊！
给我站住！
又来了？
旅费不够，让我们睡在你家好不好？

拜访登山友

啊，好冷！
冻死了！
唰
唰

欢迎！
呃
天气这么冷，你还穿短袖？

天气是不是很凉快呢？
更冷
唰
像是要下雪了！

这是我在第三营发现的。

还有什么趣事？
嗯——

牦牛突然向我们发起攻击……

右边是峭壁，然后我们……

所以特别准备了……
打呼

因此……

……

欢迎再来！
不要了吧！
呜

享受山地车运动的乐趣，
探寻丝绸之路的历史与古迹！

飞翔的梦想可以成真！

乘着热气球，探索令人
惊奇的高空世界！

充满挑战与刺激的
“白色沙漠”！

一起潜入海底，寻找宝物吧！

在波涛汹涌的大海上，
随时迎接险恶的挑战！

著作权登记号:皖登字 1201500 号
레포츠 만화 과학상식 5: 에베레스트 등정하기
Comic Leisure Sports Science Vol. 5: Climbing Mt. Everest

图书在版编目(CIP)数据

珠穆朗玛峰大探险 / [韩] 洪在彻, [韩] 朴爱罗编文 ; [韩] 俞炳润绘 ; 林玉葳译. — 合肥 : 安徽少年儿童出版社, 2008.01(2019.6 重印)
(科学探险漫画书)
ISBN 978-7-5397-3453-8

Ⅰ. ①珠… Ⅱ. ①洪… ②朴… ③俞… ④林… Ⅲ. ①珠穆朗玛峰 - 探险 - 少年读物 Ⅳ. ①N82-49

中国版本图书馆 CIP 数据核字(2007)第 200198 号

KEXUE TANXIAN MANHUA SHU ZHUMULANGMAFENG DA TANXIAN
科学探险漫画书·珠穆朗玛峰大探险

[韩] 洪在彻 [韩] 朴爱罗 / 编文
[韩] 俞炳润 / 绘
林玉葳 / 译

出 版 人:徐凤梅　版权运作:王 利 古宏霞　责任印制:朱一之
责任编辑:王笑非 丁 倩 曾文丽 邵雅芸　责任校对:张姗姗
装帧设计:唐 悦
出版发行:时代出版传媒股份有限公司 http://www.press-mart.com
安徽少年儿童出版社 E-mail:ahse1984@163.com
新浪官方微博:http://weibo.com/ahsecbs
(安徽省合肥市翡翠路 1118 号出版传媒广场 邮政编码:230071)
出版部电话:(0551)63533536(办公室) 63533533(传真)
(如发现印装质量问题,影响阅读,请与本社出版部联系调换)
印 制:合肥远东印务有限责任公司
开 本:787mm × 1092mm 1/16 印张:11 字数:140 千字
版 次:2008 年 3 月第 1 版 2019 年 6 月第 6 次印刷

ISBN 978-7-5397-3453-8　定价:28.00 元